情報系のための
線形
代数

著 児玉英一郎
Bhed Bista

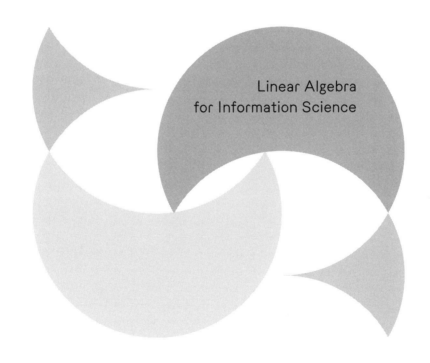

Linear Algebra
for Information Science

共立出版

まえがき

　線形代数の内容は，数学を学ぶ上で基礎となる重要なものとなっている．また情報分野，特に，データサイエンスの分野においても，線形代数の知識を必要とすることは多い．本書では，高校で学んだ線形代数に関連する部分の内容を発展させ，より詳細な線形代数の内容（体 K 上のベクトル空間，n 次正方行列の行列式，余因子行列による逆行列の計算，線形写像，固有値と固有ベクトル，行列の対角化など）について解説した．

　執筆にあたっては，本書が大学で最初に学ぶ書であったとしても読み進められるよう，高校までの数学の知識のみを前提として説明を行った．また，自習しやすいように，各単元では基礎概念の説明の後には例を示し，確認問題を提示するよう工夫した．各章のつながりに配慮し，後の章で詳しく述べる概念の理解を助ける問題を前の章の確認問題に含めるよう心掛けた．線形代数の応用例としては，情報分野への応用（セキュリティ，ネットワーク，アルゴリズムなど）について取り上げた．また，行列式や逆行列の計算など，Python の SimPy で代数計算できるものについて，そのコードを記載した．これにより，読者が数値を変えて独自の問題を作成し，その問題で計算練習した際に，答えが合っているか確認できるようになっている．

　本書は，岩手県立大学ソフトウェア情報学部における講義で使用してきた『ソフトウェア情報学のための線形代数』（三恵社，2019）を原著とし，改訂したものである．改訂にあたり，章の構成を見直し，内容の追加，問題の入れ替え，Python のコードの追加などを行い，大幅に改訂した．

　出版にあたり，共立出版株式会社編集部中村一貴氏にご尽力いただきました．ここに感謝申し上げます．

2024 年 10 月

児玉英一郎
Bhed Bista

目　次

第 1 章　集合と写像　　1

1.1　集合　　1
 1.1.1　数の体系　　1
 1.1.2　集合　　1
 1.1.3　集合系と巾集合　　4
 1.1.4　ベン図と全体集合　　4
 確認問題 1.1　　6

1.2　集合の演算　　8
 1.2.1　和集合と共通部分など　　8
 確認問題 1.2　　14

1.3　写像　　15
 1.3.1　写像の定義　　15
 1.3.2　写像の定義域と値域　　15
 1.3.3　写像の相当，拡張と制限　　16
 1.3.4　全射と単射　　17
 1.3.5　合成写像　　18
 1.3.6　様々な関数　　18
 確認問題 1.3　　21

1.4　様々な代数系　　22
 1.4.1　記号　　22
 1.4.2　素数　　22
 1.4.3　オイラー関数　　23
 1.4.4　合同　　23
 1.4.5　剰余類　　24
 1.4.6　既約剰余類　　25
 1.4.7　演算　　25
 1.4.8　剰余類の演算　　25
 1.4.9　既約剰余類の演算　　26
 1.4.10　群　　26

iv 目 次

1.4.11	環	28
1.4.12	体	29
確認問題 1.4		30

第2章 ベクトル空間 33

2.1 ベクトル空間の定義・一次独立・一次従属・次元・基底 33
    2.1.1 数ベクトル 33
    2.1.2 n 次元数ベクトル空間 34
    2.1.3 数ベクトルの一次結合 36
    2.1.4 ベクトル空間の定義 37
    2.1.5 一次独立と一次従属 39
    2.1.6 基底と次元 40
    確認問題 2.1 41

第3章 行列 45

3.1 行列の定義・行列の演算 45
    3.1.1 行列 45
    3.1.2 行列の相等，和，差，スカラー倍 46
    3.1.3 行列空間 47
    3.1.4 行列の乗法 48
    3.1.5 行列多元環 50
    3.1.6 逆行列 52
    確認問題 3.1 56
3.2 行列の基本変形・行列の階数，逆行列，連立一次方程式の解の基本変形による計算 59
    3.2.1 行列の基本変形 59
    3.2.2 基本行列 60
    3.2.3 基本行列による行列の基本変形 61
    3.2.4 基本変形に関する主張 61
    3.2.5 行列の階数（ランク） 62
    3.2.6 逆行列の求め方 65
    3.2.7 連立一次方程式の解法 66
    確認問題 3.2 68
3.3 n 次正方行列の行列式の定義・行列式の性質 71
    3.3.1 行列式の拡張に向けて 71

目　次　v

3.3.2　n 次正方行列の行列式の定義に向けて	72
3.3.3　n 次正方行列の行列式	73
3.3.4　行列式の性質	74
3.3.5　実際の行列式の計算方法	78
確認問題 3.3	80
3.4　余因子・行列式の展開・余因子行列による逆行列の計算・クラメールの公式	83
3.4.1　余因子と行列式の展開	83
3.4.2　行列式の展開例	84
3.4.3　余因子行列と逆行列	85
3.4.4　クラメールの公式	87
確認問題 3.4	89
3.5　線形写像・線形写像と行列の関係	91
3.5.1　線形写像の定義	91
3.5.2　線形写像の基本性質	92
3.5.3　線形写像と行列の関係	94
確認問題 3.5	95

第4章　線形代数の応用　　97

4.1　固有値と固有ベクトル	97
4.1.1　固有値と固有ベクトルの定義と例	97
4.1.2　固有方程式	99
4.1.3　対角化	102
確認問題 4.1	105
4.2　情報分野への線形代数の応用 1	108
4.2.1　Web (World Wide Web)	108
4.2.2　ロボット型サーチエンジン	108
4.2.3　ランキング手法による計算例	110
4.2.4　行列で計算	113
4.3　情報分野への線形代数の応用 2	115
4.3.1　暗号での利用	115
4.3.2　グラフ理論での利用	117

確認問題解答　　119

ギリシャ文字 一覧表　　　149

索　引　　　150

第1章 集合と写像

1.1 集合

1.1.1 数の体系

数には，自然数，整数，有理数，無理数，実数，複素数がある．自然数は，ものの個数を数えるときに用いられる数で，$1, 2, 3, 4, 5, \cdots$ から構成される．整数は，$0, \pm 1, \pm 2, \pm 3, \pm 4, \pm 5, \cdots$ である．有理数は，a, b $(b \neq 0)$ を整数とするとき，a/b と表現される数（分数，$b = 1$ のときは整数）である．有理数は有限小数または循環無限小数となる．無理数は，循環しない無限小数で，$\sqrt{2} = 1.4142135\cdots$，$\sqrt{3}, \sqrt{5}, \pi = 3.1415926535\cdots$，$e = 2.718281828459\cdots$ などが有名である．特に，e はネイピア数と呼ばれ，次式により定義される重要な数である．

$$\lim_{n \to \infty} \left(1 + \frac{1}{n}\right)^n = e$$

有理数と無理数を合わせて実数と呼ぶ．複素数は，a, b を実数，$i = \sqrt{-1}$ $(i^2 = -1)$ として，$a + bi$ の形で表される数のことであり，a を実部，b を虚部，i を虚数単位という．複素数 $a + bi$ は，$b = 0$ のとき実数である．また，$b \neq 0$ のとき虚数といい，$a = 0$ のとき純虚数という．数は，図 1.1 のように分類される．

1.1.2 集合

集合とは

集合 (set) とは，ある性質をもち，範囲が明確なものの集まりのことをいう．この「もの」のことを集合の要素（元）と呼ぶ．

Remark

「もの」は，数，点，関数，文字など論理的考察の対象となるものなら何でもよい．範囲が明確でない集まりは集合とは呼ばない．

図 1.1 数の分類

2   第1章　集合と写像

集合の例：
  (1) 0 から 10 までの偶数の集まり．0, 2, 4, 6, 8, 10.
  (2) 方程式 $x^2 - x - 6 = 0$ の解の集まり．この二次方程式の解は $-2, 3$.
  これらの集合は，正確には，**クリスプ集合**と呼ばれる．

集合とは認めない例：
  (1) 十分大きな数の集まり．
  (2) 若者の集まり．
  (1) の「十分大きな数の集まり」は集合とは認められない．十分大きいかどうかは人によって判断が違うためである．100 は大きいと思う人もいれば，小さいと思う人もいる．このようなものは，**ファジー集合**と呼ばれ，ファジー理論では扱える．

数学で重要な集合とその記号
  自然数（すなわち正の整数）全体の集まりは $\mathbb{N}$ で表す．整数全体の集まりは $\mathbb{Z}$，有理数（すなわち分数）全体の集まりは $\mathbb{Q}$，実数全体の集まりは $\mathbb{R}$ と表す．複素数全体の集まりは $\mathbb{C}$ で表す．

記号の使い方の例：
  (1) $1 \in \mathbb{N}$
  (2) $\sqrt{2} \in \mathbb{R}$, $\sqrt{2} \notin \mathbb{Q}$
  (3) $-1 \in \mathbb{Z}$, $-1 \notin \mathbb{N}$

集合の記法
  集合の書き方には，**外延的記法**と**内包的記法**がある．外延的記法は，集合に属する要素を列挙（推測できるときは省略可）して記述する方法である．内包的記法は，集合の要素を特徴づける性質や条件を用いて記述する方法である．

外延的記法の例：
  (1) 10 より小さい正の整数の集合 A

$$A = \{1, 2, 3, 4, 5, \cdots, 9\}$$

  (2) 正の偶数全体のなす集合 B

$$B = \{2, 4, 6, 8, 10, \cdots\}$$

内包的記法の例：
  (1) 偶数全体のなす集合 C

$$C = \{2n \,|\, n \text{は整数}\}$$

(2) 1000 以下の整数の集合 D

$$D = \{n | n \leq 1000, \ n \text{は整数}\}$$

集合の相当

2 つの集合 A および B の要素が完全に一致するとき，すなわち A のすべての要素は B に含まれ，かつ，B のすべての要素は A に含まれるとき，集合 A は集合 B に等しいといい，$A = B$ と記す．この否定を $A \neq B$ と表す．記号を用いて言い換えると，$A = B$ とは，$A \ni \forall a$ に対して $a \in B$，かつ，$B \ni \forall b$ に対して $b \in A$ ということである．

集合の相当の例：

$\{1, 2, 3\} = \{3, 2, 1\}$

$\{1, 1, 0\} = \{0, 0, 1\} = \{0, 1\}$

$\{2, 3, 5, 7, 11\} = \{7, 2, 5, 11, 3\}$

$\{x | x^2 - 4x + 3 = 0, x \in \mathbb{R}\} = \{1, 3\}$

定理 1.1.1

A, B, C を任意の集合とするとき，次が成り立つ．

(1) $A = A$

(2) $A = B \Rightarrow B = A$

(3) $A = B, B = C \Rightarrow A = C$

空集合と部分集合

要素を 1 つも含まない集合を空集合と呼ぶ．空集合は，ϕ または $\{\ \}$ で表す．集合 A が集合 B の部分集合であるとは，A のすべての要素が B に含まれるとき，すなわち

$$x \in A \Rightarrow x \in B$$

が成り立つときをいい，$A \subseteq B$ または $B \supseteq A$ と表す．このため，$A \subseteq B$ を証明するときは，$x \in A \Rightarrow x \in B$ を示せばよい．

部分集合の例：

$\{1, 2\} \subseteq \{1, 2, 3\}$

$Y = \{a, b, c\}$ のすべての部分集合は，$\{a, b, c\}, \{a, b\}, \{b, c\}, \{c, a\}, \{a\}, \{b\}, \{c\}, \phi$ となる．

定理 1.1.2

A, B, C を任意の集合とするとき，次が成り立つ．

(1) $A \subseteq A$

(2) $A \subseteq B, B \subseteq A \Leftrightarrow A = B$

(3) $A \subseteq B, B \subseteq C \Rightarrow A \subseteq C$

集合論において $A = B$ を証明するときは，定理 1.1.2 の (2) により，$A \subseteq B, B \subseteq A$ を示せばよい．

> **定義 1.1.1**
> 集合 A が集合 B の真部分集合であるとは，$A \subseteq B$ かつ $A \neq B$ となるときをいい，$A \subset B$ または $B \supset A$ と書く．

真部分集合の例：

$\{1,2\} \subset \{1,2,3\}$

$\mathbb{N} \subset \mathbb{Z} \subset \mathbb{Q} \subset \mathbb{R} \subset \mathbb{C}$

1.1.3 集合系と巾集合

集合の集合，すなわち，要素が集合であるような集合を，一般に集合系という．集合 A のすべての部分集合を要素とする集合を A の**巾（べき）集合** (power set) という．集合 A の巾集合を記号 2^A で表す．集合 A が n 個の要素を含んでいれば，A の巾集合の要素の個数は 2^n 個である．

巾集合の例：

$A = \{a, b\}$ のすべての部分集合は，$\{a, b\}, \{a\}, \{b\}, \phi$ の 4 個である．この A の巾集合は，

$$2^A = \{\{a,b\}, \{a\}, \{b\}, \phi\}$$

となる．

1.1.4 ベン図と全体集合

集合を具体化して考えるために，集合を平面上の図形として表し，その直観を援用することがある．このような図形のことを**ベン図**（Venn 図，Euler 図）という（図 1.2 参照）．

ある 1 つの定まった集合 U の部分集合だけを考察対象としているとき，U を普遍集合または**全体集合** (universal set) という．全体集合 U を $U = \{x | 0 \leq x \leq 10, x \in \mathbb{Z}\}$ とし，その部分集合 A を $A = \{x | 0 \leq x \leq 10, x \text{ は奇数}\}$ とすると，そのベン図は図 1.3 のようになる．

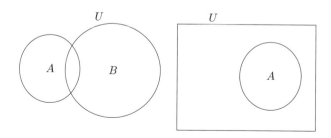

図 1.2　ベン図

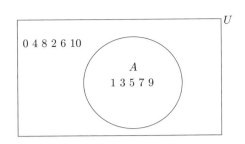

図 1.3 全体集合の例

用語と記号

数学では，定義 (Definition)，定理 (Theorem)，命題 (Proposition)，補題 (Lemma)，系 (Corollary) といった用語を使用する．

定義は，決めごとであり，証明を必要としない．そのように決めたということである．定理は，定義に基づいて導かれる事実であり，証明ができる．三平方の定理，フェルマーの小定理など有名な数学的主張には名前がついている．命題は，定理と同じようなものだが，定理ほど大きなものではない．補題は，定理や命題を証明するための割と簡単な主張である．系は，定理や命題から簡単に導かれる事実である．

数学でよく使用される記号として，全称記号 $\forall$，存在記号 $\exists$，選言記号 $\lor$，連言記号 $\land$ などが挙げられる．

全称記号 $\forall$ は，All の A を反対にしたもので，「すべての〜」，「任意の〜」という意味である．存在記号 $\exists$ は，Exist の E を反対にしたもので，「ある〜存在して」という意味である．例えば，「$\forall y, \exists x \ s.t. \ f(x) = y$」と記述した場合，「任意の y に対して，ある x が存在して，$f(x) = y$ を満たす」という意味になる．「$s.t.$」は，「such that」の略である．

選言記号 $\lor$ は，「または」という意味である．連言記号 $\land$ は，「かつ」という意味である．論理や数学の「または」は，日本語の「または」とは意味が異なるので注意が必要である．論理や数学では，「$a = 0$ または $b = 0$」の場合，$a = b = 0$ のように，a も b も両方 0 でもよい．日本語では，「パンまたはライスのお好きな方を…」といった場合，パンかライスのどちらか一方になる．

6   第 1 章　集合と写像

確認問題 1.1

1. 集合 $\{1,2,3\}$ を内包的記法で表せ.

2. 次の集合を外延的記法で表せ.（空集合は ϕ と書くこと.）

   (1) $\{x \,|\, x \in \mathbb{C}, x^6 = 1\}$

   (2) $\{x \,|\, x \in \mathbb{R}, i(x+i)^4 \in \mathbb{R}\}$ （ヒント：$i^2 = -1$, $a + bi \in \mathbb{R} \Rightarrow b = 0$）

   (3) $\{z \,|\, z \in \mathbb{Z}, 0.1 \leq 2^z \leq 100\}$

   (4) $\{n \,|\, n \in \mathbb{N}, i^n = -1\}$

   (5) $\{n \,|\, n \in \mathbb{N}, i^{2n} = i\}$

3. $\mathbb{Q}(\sqrt{2}) = \{a + b\sqrt{2} \,|\, a, b \in \mathbb{Q}\}$ とする（$\{a + b\sqrt{2} \,|\, a, b \in \mathbb{Q}\}$ という集合を，$\mathbb{Q}(\sqrt{2})$ という記号で表すという意味）．このとき次の (1),(2) を示せ．

(1) $x \in \mathbb{Q}(\sqrt{2}), y \in \mathbb{Q}(\sqrt{2}) \Rightarrow x + y \in \mathbb{Q}(\sqrt{2}),\ x - y \in \mathbb{Q}(\sqrt{2}),\ xy \in \mathbb{Q}(\sqrt{2})$

(2) $x \in \mathbb{Q}(\sqrt{2}),\ x \neq 0 \Rightarrow x^{-1} \in \mathbb{Q}(\sqrt{2})$

4. $\mathbb{Z}[\sqrt{2}] = \{a + b\sqrt{2} \,|\, a, b \in \mathbb{Z}\}$ とするとき，上述の (1),(2) は成立するか．理由とともに答えよ．

1.2 集合の演算

1.2.1 和集合と共通部分など

集合の和

A, B を集合とする．A のすべての要素と B のすべての要素からなる集合のことを A と B の**和集合**といい，$A \cup B$ と表す．すなわち

$$A \cup B = \{x \,|\, x \in A \text{ または } x \in B\}$$

である．

例

$A = \{a, b, c, d\}$, $B = \{a, d, f, g\}$ とすると，$A \cup B = \{a, b, c, d, f, g\}$ である（図 1.4）．

例題

$A = \{x \,|\, 0 \leq x \leq 20, x \text{ は } 12 \text{ の約数}\}$, $B = \{x \,|\, 0 \leq x \leq 20, x \text{ は } 18 \text{ の約数}\}$ であるとき，集合 A と B の和集合を求めなさい．また，そのときのベン図も示しなさい．

解

$A = \{1, 2, 3, 4, 6, 12\}$, $B = \{1, 2, 3, 6, 9, 18\}$ であり，$A \cup B = \{1, 2, 3, 4, 6, 9, 12, 18\}$ となる（図 1.5）．

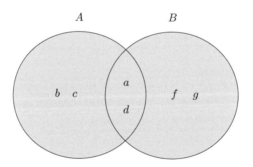

図 1.4 和集合の例

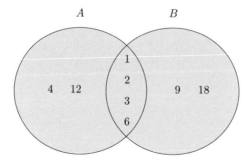

図 1.5 例題中の和集合

> **定理 1.2.1**
>
> A, B を任意の集合とするとき，次が成り立つ．
>
>   (1) $A \subseteq A \cup B$, $B \subseteq A \cup B$
>
>   (2) $A \subseteq B \Longleftrightarrow A \cup B = B$

[証明]

(1) A の任意の要素は $A \cup B$ に属するから，$A \subseteq A \cup B$ となる．同様に，$B \subseteq A \cup B$ となる．

(2) $\Rightarrow$ の証明：$A \cup B$ に属する任意の要素を x とすると，$x \in A$ または $x \in B$ である．仮定より $x \in A$ ならば $x \in B$ が成り立つから，結局 $A \cup B \subseteq B$ が示される．(1) より $B \subseteq A \cup B$ であるから，$A \cup B = B$ が得られる．

$\Leftarrow$ の証明：(1) より $A \subseteq A \cup B$ であるから，仮定より $A \subseteq B$ が導かれる．

> **定理 1.2.2**
>
> A, B, C を任意の集合とするとき，次が成り立つ．
>
>   (1) 結合法則　$(A \cup B) \cup C = A \cup (B \cup C)$
>
>   (2) 交換法則　$A \cup B = B \cup A$

集合の共通部分

2 つの集合 A, B のどちらにも共通する要素全体からなる集合を A と B との**共通部分（積集合）**といい，$A \cap B$ で表す．すなわち

$$A \cap B = \{x \mid x \in A \text{ かつ } x \in B\}$$

である．

▌例

$A = \{a, b, c, d\}$, $B = \{a, d, f, g\}$ のとき，$A \cap B = \{a, d\}$ となる．ベン図は図 1.6 のようになる．

▌例題

$A = \{x \mid 0 \le x \le 20, x \text{ は } 12 \text{ の約数}\}$, $B = \{x \mid 0 \le x \le 20, x \text{ は } 18 \text{ の約数}\}$ であるとき，集合 A と B の共通部分を求めなさい．また，そのときのベン図も示しなさい．

解

$A = \{1, 2, 3, 4, 6, 12\}$, $B = \{1, 2, 3, 6, 9, 18\}$ であり，$A \cap B = \{1, 2, 3, 6\}$ となる．ベン図は図 1.7 のようになる．

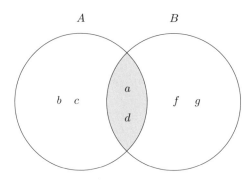

図 1.6 共通部分の例

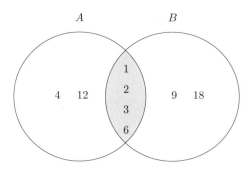

図 1.7 例題中の共通部分

定理 1.2.3

A, B を任意の集合とするとき，次が成り立つ．
(1) $A \cap B \subseteq A$, $A \cap B \subseteq B$
(2) $A \subseteq B \iff A \cap B = A$

定理 1.2.4

A, B, C を任意の集合とするとき，次が成り立つ．
(1) 結合法則　$(A \cap B) \cap C = A \cap (B \cap C)$
(2) 交換法則　$A \cap B = B \cap A$

定理 1.2.5

A, B, C を任意の集合とするとき，次の分配法則，吸収法則が成り立つ．
(1) $A \cup (B \cap C) = (A \cup B) \cap (A \cup C)$
(2) $A \cap (B \cup C) = (A \cap B) \cup (A \cap C)$
(3) $A \cup (A \cap B) = A$
(4) $A \cap (A \cup B) = A$

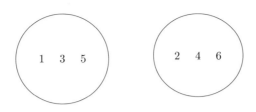

図 1.8 互いに素

集合 A, B は，$A \cap B = \phi$ となるとき，**互いに素**，あるいは，交わらないという．

|例

$\{1, 3, 5\}$ と $\{2, 4, 6\}$ とは互いに素である．

集合の差

A, B を 2 つの集合とする．A に属し，B に属さない要素全体の集合を $A - B$ で表し，A と B との**差集合（差）**という．すなわち

$$A - B = \{x \mid x \in A \text{ かつ } x \notin B\}$$

である．

A を集合 X の部分集合とするとき，X と A との差

$$X - A = \{x \mid x \in X \text{ かつ } x \notin A\}$$

を，X に関する A の**補集合**といい，A^C で表す．すなわち

$$A^C = X - A = \{x \mid x \in X \text{ かつ } x \notin A\}$$

である．

定理 1.2.6

A を X の部分集合とするとき，次が成り立つ．

(1) $A \cup A^C = X$
(2) $A \cap A^C = \phi$
(3) $\left(A^C\right)^C = A$
(4) $X^C = \phi$
(5) $\phi^C = X$

定理 1.2.7 （ド・モルガンの法則）

A, B を X の部分集合とするとき，次の式が成り立つ．

(1) $(A \cup B)^C = A^C \cap B^C$

(2) $(A \cap B)^C = A^C \cup B^C$

定理 1.2.8

A, B を X の部分集合とするとき，次の各条件は同値である．

(1) $A \subseteq B$
(2) $B^C \subseteq A^C$
(3) $A \cap B^C = \phi$
(4) $A^C \cup B = X$

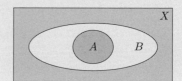

集合の直積

A, B を 2 つの集合とする．A の要素 a と B の要素 b との順序づけられた組 (a, b) 全体のつくる集合を $A \times B$ で表し，A と B の **直積** という．すなわち，

$$A \times B = \{(a, b) \mid a \in A, b \in B\}$$

である．

例

$A = \{1, 2\}, B = \{p, q, r\}$ とすると

$$A \times B = \{(1, p), (1, q), (1, r), (2, p), (2, q), (2, r)\}$$
$$A \times A = \{(1, 1), (1, 2), (2, 1), (2, 2)\}$$

となる．

 Remark

A の要素が m 個，B の要素が n 個のとき，$A \times B$ の要素数は mn 個である．

例題

次の集合演算をベン図を用いて簡単にしなさい．

(1) $(A \cap B) \cup (A \cap B^C)$

(2) $(A \cup B) \cap (A^C \cup B) \cap (A \cup B^C)$

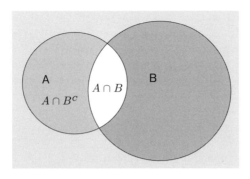

図 1.9 $(A \cap B) \cup (A \cap B^C)$

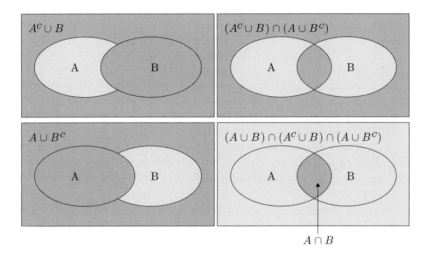

図 1.10 $(A \cup B) \cap (A^C \cup B) \cap (A \cup B^C)$

解

(1) 図 1.9 より，$(A \cap B) \cup (A \cap B^C) = A$ となる．

(2) 図 1.10 より，$(A \cup B) \cap (A^C \cup B) \cap (A \cup B^C) = A \cap B$ となる．

14　第 1 章　集合と写像

確認問題 1.2

1. $A = \{1, 2, 3, 4, 5\}$, $B = \{3, 5, 7, 9\}$ とする.
   (1) $A \cup B$ を求めよ.

   (2) $A \cap B$ を求めよ.

   (3) $A - B$ を求めよ.

   (4) $A \times B$ を求めよ.

2. ベン図を用いて $(A \cup B) \cap (A \cup B^C)$ を簡単にせよ.

3. 実数全体のなす集合 $\mathbb{R}$ の直積集合 $\mathbb{R} \times \mathbb{R}$ を考える. この直積集合を記号 $\mathbb{R}^2$ で表すとき, $\mathbb{R}^2$ を内包的記法で表現せよ.

4. 複素数全体のなす集合 $\mathbb{C}$ の直積集合 $\mathbb{C} \times \mathbb{C} \times \mathbb{C}$ を考える. この直積集合を記号 $\mathbb{C}^3$ で表すとき, $\mathbb{C}^3$ を内包的記法で表現せよ.

1.3 写像

1.3.1 写像の定義

2つの集合 A, B において，A の各元（要素）に対して B のある1つの元が対応しているとき，このような対応を集合 A から集合 B への**写像**といい，

$$f : A \to B \quad \text{または} \quad A \xrightarrow{f} B$$

で表す．

このとき，写像 f によって，A の元 a に対応する B の元を，写像 f による a の像といい，$f(a)$ で表す．記号で表すと，$f : A \to B\,(a \mapsto f(a), a \in A, f(a) \in B)$ となる．

> **Remark**
>
> ここでは，行き先が2つ以上あるものは写像とは呼ばない．

写像の例：
1) 実数 x に $x^2 + 1$ を対応させれば $\mathbb{R}$ から $\mathbb{R}$ への1つの写像が得られる．この写像を f と書けば，すべての $x \in \mathbb{R}$ に対して，$f(x) = x^2 + 1$ となる．これは二次関数として知られている．
2) 自然数 n に $2n + 1$ を対応させれば，$\mathbb{N}$ から $\mathbb{N}$ への写像が得られる．この写像を a と書けば，すべての $n \in \mathbb{N}$ に対して，$a_n = 2n + 1$ となる．これは数列として有名である．

写像でない例：
実数 x に $x^2 + y^2 = 1$ なる実数 y を対応させても，そのような実数は正のものと負のものの2つあり，行き先がユニークに定まらないので，写像ではない．

1.3.2 写像の定義域と値域

A, B を集合とし，f を A から B への写像 $(f : A \to B)$ とするとき，集合 A を写像 f の定義域，写像 f による A の元の像全体の集合を f による A の像，または，f の値域といい $Image(f)$ や $f(A)$ で表す．すなわち，

$$Image(f) = f(A) = \{f(a) \,|\, a \in A\}$$

である．

また，このとき B の元 b に対して，b を像とする A の元全体の集合を b の逆像，または，原像といい，$f^{-1}(b)$ で表す．すなわち，

$$f^{-1}(b) = \{a \in A \,|\, f(a) = b\}$$

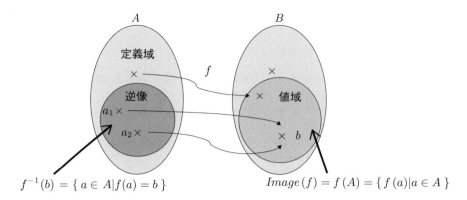

図 1.11　値域と逆像

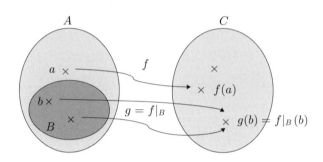

図 1.12　写像の拡張と制限

である.

|例

$x\,(\neq 0) \in \mathbb{R}$ に対して $f(x) = 1/x$ を考えると，定義域は $\mathbb{R} - \{0\}$ とすることができ，終域は $\mathbb{R} - \{0\}$ とすることができる．このとき値域は，$\mathbb{R} - \{0\}$ となる.

$x \in \mathbb{R}$, $x \geq 1$ に対して $f(x) = \sqrt{x-1}$ すると，定義域は区間 $[1, \infty) = \{x \mid x \in \mathbb{R}, x \geq 1\}$ とすることができ，終域は $[0, \infty) = \{x \mid x \in \mathbb{R}, x \geq 0\}$ とすることができる．このとき値域も $[0, \infty) = \{x \mid x \in \mathbb{R}, x \geq 0\}$ となる.

1.3.3　写像の相当，拡張と制限

写像の相当

A, B を集合，f, g を A から B への写像とするとき，「すべての $a \in A$ に対して $f(a) = g(a)$ が成り立つ」ならば，2 つの写像 f と g は等しいといい，$f = g$ と書く.

写像の拡張と制限

2 つの写像 f, g において，f の定義域 A が g の定義域 B を含み，かつ，すべての $b \in B$ に対して $f(b) = g(b)$ が成り立つならば，f を g の（A への）**拡張**，g を f の（B への）縮小，

または**制限**といい，$g = f|_B$ と書く．

1.3.4 全射と単射

写像 $f : A \to B$ において，A の像 $f(A)$ は一般には B の部分集合であるが，特に $f(A) = B$ のとき，f は A から B への上への写像，または**全射**という（B の任意の元 b に対して，ある A の元 a が存在して，$f(a) = b$ となる）．

また，A の任意の 2 元 a_1, a_2 に対して，$a_1 \neq a_2 \Rightarrow f(a_1) \neq f(a_2)$ であるとき，f は A から B への 1 対 1 の写像，または**単射**という．

全射であると同時に単射であるような写像を**全単射**という．全単射 $f : A \to B$ があるとき，B の任意の元 b に対して，その逆像 $f^{-1}(b)$ はただ 1 つの元からなるから，元 $b \in B$ にその逆像 $f^{-1}(b)$ を対応させることによって B から A への写像が得られる．この写像も全単射であって f の逆写像といい，f^{-1} で表す．

集合 A が集合 B の部分集合であるとき，A の任意の元 a に対して，a を B の元とも見て $a \in A$ に $a \in B$ を対応させる写像

$$1_{A,B} : A \to B$$

は明らかに単射である．この写像 $1_{A,B}$ を集合 A から集合 B への**標準的単射**あるいは**包含写像**という．特に，集合 A から集合 A への標準的単射は全単射となり，この全単射を A の**恒等写像**といい，1_A で表す．

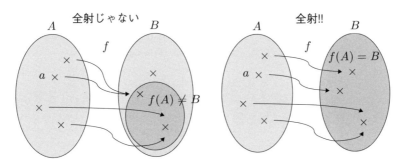

図 1.13 全射

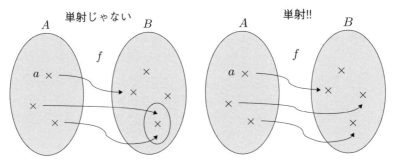

図 1.14 単射

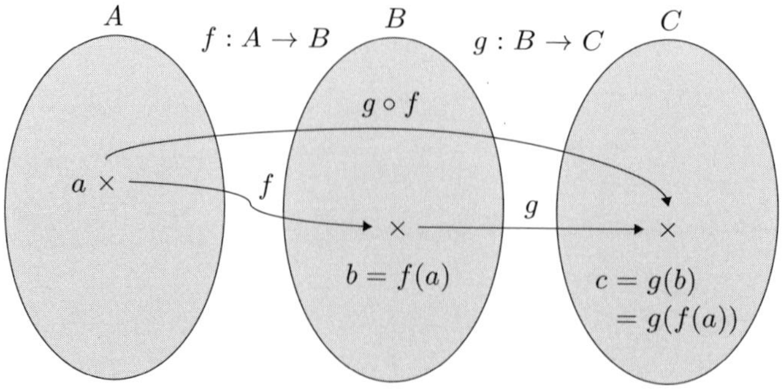

18　第1章　集合と写像

図 1.15　合成写像

|例題

f_1〜f_5 を以下の式で定義された $\mathbb{R}$ から $\mathbb{R}$ への写像とする．それぞれ，全射，単射，全単射かどうか考えよ．

$$f_1(x) = x + 1$$
$$f_2(x) = x^3$$
$$f_3(x) = x^3 - x$$
$$f_4(x) = e^x$$
$$f_5(x) = x^2$$

1.3.5　合成写像

2つの写像 $f : A \to B$, $g : B \to C$ に対して，A の元 a に C の元 $g(f(a))$ を対応させれば，この対応によって，A から C への写像が得られる．この写像を $g \circ f$ と書いて，f と g の**合成写像**という（図 1.15）．

全単射 $f : A \to B$ とその逆写像 f^{-1} に対して，合成写像 $f^{-1} \circ f$ および $f \circ f^{-1}$ は，いずれもそれぞれ A および B の恒等写像となる．すなわち，

$$f^{-1} \circ f = 1_A, \quad f \circ f^{-1} = 1_B$$

である．

1.3.6　様々な関数

指数関数

指数は，$a \in \mathbb{R}, a > 0, n, m \in \mathbb{N}$ に対して，

$$a^n = a \times \cdots \times a, \quad a^0 = 1, \quad a^{-n} = \frac{1}{a^n}, \quad a^{\frac{m}{n}} = \sqrt[n]{a^m}$$

であった．したがって，例えば

$$a^3 = a \times a \times a, \quad a^{-3} = \frac{1}{a^3}, \quad a^{\frac{2}{3}} = \sqrt[3]{a^2}$$

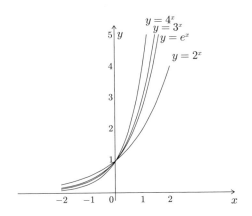

図 1.16 $y = a^x, a > 0, a \neq 1$ のグラフ

となる．では，$a^{\sqrt{2}}$ はどうなるであろうか．$\sqrt{2} = 1.414213\cdots$ なので，$a^{1.4}, a^{1.41}, a^{1.414}, \cdots$ の極限を $a^{\sqrt{2}}$ と定義する．このようにして指数を有理数から実数に拡張できる．

実際，以下の指数法則が成立する．

指数法則：

$a \in \mathbb{R}, a > 0, x, y \in \mathbb{R}$ に対して，

$$a^x a^y = a^{x+y} \qquad a^{-x} = \frac{1}{a^x}$$
$$(a^x)^y = a^{xy} \qquad a^0 = 1$$
$$(ab)^x = a^x b^x$$

$y = a^x, a > 0, a \neq 1$ のグラフを図 1.16 に示す．

ここで，$y = e^x$ における e はネイピア数と呼ばれ，$e = 2.718281828459\cdots$ となる無理数であり，次式によって定義される．

$$\lim_{n \to \infty} \left(1 + \frac{1}{n}\right)^n = e$$

$y = e^x$ のグラフを図 1.17 に示す．

対数関数

$y = a^x \, (a > 0, a \neq 1)$ のとき，指数 x を a を底とする y の対数といい，$x = \log_a y$ と書く．このとき，y を対数 x の真数という．真数は常に正である．

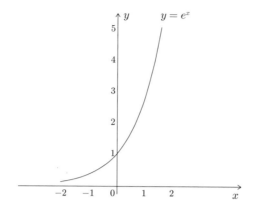

図 1.17 $y = e^x$ のグラフ

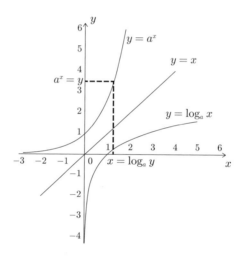

図 1.18 $y = \log_a x$ のグラフ

対数法則：

$$\log_a xy = \log_a x + \log_a y \qquad \log_a a = 1$$
$$\log_a \frac{x}{y} = \log_a x - \log_a y \qquad \log_a 1 = 0$$
$$\log_a x^b = b \log_a x \qquad a^{\log_a x} = x$$

指数関数 $y = a^x \, (a > 0, a \neq 1)$ の逆関数を $y = \log_a x$ で表し，対数関数と呼ぶ．特に，$a = e$ の場合は自然対数と呼ばれ，単に $y = \log x$ と書く．$y = \log_a x$ のグラフを図 1.18 に示す．

確認問題 1.3

1. 写像の定義を述べよ.

2. 写像の定義域と値域とは何か簡単に説明せよ.

3. 単射および全射の定義を述べよ.

4. 以下の写像 $f_1 \sim f_5$ に対して単射, 全射, 全単射となるものを答えよ.
   (ただし, $\mathbb{R}$ から $\mathbb{R}$ への写像とする. 証明はしなくてよい.)

   $f_1(x) = x + 1$

   $f_2(x) = x^3$

   $f_3(x) = x^3 - x$

   $f_4(x) = e^x$

   $f_5(x) = x^2$

   単射：

   全射：

   全単射：

5. $\mathbb{R}^+ = \{x \in \mathbb{R} \mid x > 0\}$ とするとき $f(x) = 2^x$ によって定義される写像 $f : \mathbb{R} \to \mathbb{R}^+$ は全単射であることを示せ. また, その逆写像を求めよ.

6. $\mathbb{R}$ から $\mathbb{R}$ への写像 f, g を $f(x) = x^2$, $g(x) = x + 1$ によって定義するとき, $f \circ g \neq g \circ f$ であることを示せ.

22　第1章　集合と写像

1.4 様々な代数系

1.4.1 記号

本節で使う記号を以下にまとめて示す. *i.e.* は「すなわち」, *e.g.* は「例」である.

記号

$\mathbb{N}$: 自然数全体のなす集合を表す.

　　i.e. $\mathbb{N} = \{1, 2, 3, \cdots\}$

$\mathbb{Z}$: 整数全体のなす集合を表す.

　　i.e. $\mathbb{Z} = \{0, \pm 1, \pm 2, \cdots\}$

$a \,|\, b : a \,(\neq 0) \in \mathbb{Z}$ が $b \in \mathbb{Z}$ を割り切ることを意味する.

　　e.g. $3\,|\,6, \ 2\,|\,12$ など.

$(a_1, a_2, \cdots, a_k) : a_1, a_2, \cdots, a_k \in \mathbb{Z} \,(k \in \mathbb{N})$ の最大公約数を表す.

💡**Remark**

　　$a_1, a_2 \in \mathbb{Z}$ に対して $(a_1, a_2) = 1$ のとき, a_1 と a_2 は**互いに素**という.

1.4.2 素数

素数 (prime) の定義を以下に示す.

定義 1.4.1

p : 素数 $\Leftrightarrow p\,(> 1) \in \mathbb{N}$ が $\pm 1, \pm p$ 以外に約数をもたない.

---

e.g. $2, 3, 5, 7, 11, 13, 17, 19, 23, \cdots$ は素数である.

定理 1.4.1

素数は無限にある.

定理 1.4.2 （素因数分解の一意性）

任意の $a\,(> 1) \in \mathbb{N}$ は, $a = p_1^{e_1} \cdots p_k^{e_k}$ の形に一意的 (unique) に表される. ここで $p_1, \cdots, p_k$ は相異なる素数, $e_1, \cdots, e_k \in \mathbb{N}$ である.

---

e.g. $12 = 2^2 \cdot 3$ など.

1.4.3 オイラー関数

定義 1.4.2 （オイラー関数）

$m(> 1) \in \mathbb{N}$ に対して, $1, 2, \cdots, m-1$ のうち m と互いに素な a $(i.e.\ (a, m) = 1$ なる数 $a)$ の個数を $\varphi(m)$ で表す. この $\varphi(m)$ をオイラー関数という.

以下に, オイラー関数の計算例を示す.

$e.g.\ \varphi(2) = 1$ 　　1 に対して, $(1, 2) = 1$

$e.g.\ \varphi(3) = 2$ 　　$1, 2$ に対して, $(1, 3) = 1, (2, 3) = 1$

$e.g.\ \varphi(4) = 2$ 　　$1, 2, 3$ に対して, $(1, 4) = 1, (2, 4) = 2, (3, 4) = 1$

$e.g.\ \varphi(8) = 4$ 　　$1, 2, 3, 4, 5, 6, 7$ に対して, $(1, 8) = 1, (2, 8) = 2, (3, 8) = 1, (4, 8) = 4,$
　　　　　　　　　$(5, 8) = 1, (6, 8) = 2, (7, 8) = 1$

この方法で計算すると m が大きい場合, 計算が大変になる. そこで, 簡単に計算するための公式が用意されている.

補題 1.4.3

- $\varphi(p^e) = p^e - p^{e-1} = p^e \left(1 - \dfrac{1}{p}\right)$
- $(m_1, m_2) = 1$ のとき $\varphi(m_1 m_2) = \varphi(m_1) \varphi(m_2)$
- 特に $m = p_1^{e_1} \cdots p_k^{e_k}$ （ただし, $p_1, \cdots, p_k$ は相異なる素数） のとき,

$$\varphi(m) = \varphi(p_1^{e_1}) \cdots \varphi(p_k^{e_k}) = p_1^{e_1} \left(1 - \frac{1}{p_1}\right) \cdots p_k^{e_k} \left(1 - \frac{1}{p_k}\right)$$

$$= m \left(1 - \frac{1}{p_1}\right) \left(1 - \frac{1}{p_2}\right) \cdots \left(1 - \frac{1}{p_k}\right)$$

$e.g.\ \varphi(8) = \varphi(2^3) = 2^3 \left(1 - \dfrac{1}{2}\right) = 8 \cdot \dfrac{1}{2} = 4$

$e.g.\ \varphi(9) = \varphi(3^2) = 3^2 \left(1 - \dfrac{1}{3}\right) = 9 \cdot \dfrac{2}{3} = 6$

$e.g.\ \varphi(72) = \varphi(2^3) \varphi(3^2) = 4 \cdot 6 = 24$

1.4.4 合同

定義 1.4.3

$a, b \in \mathbb{Z}$ が, $m \in \mathbb{N}$ を法として合同 $\Leftrightarrow m \,|\, (a - b)$ $(i.e.\ \exists t \in \mathbb{Z}\ s.t.\ a - b = mt)$
このとき, これを記号 $a \equiv b \,(mod\, m)$, あるいは単に, $a \equiv b\,(m)$ と書く.

$m = 3$ を法とした場合の例を以下に示す.

e.g. $-6 \equiv -3 \equiv 0 \equiv 3 \equiv 6\,(3)$

$3|(-6-(-3))$ なので $-6 \equiv -3\,(3)$,$3|(-3-0)$ なので $-3 \equiv 0\,(3)$

e.g. $-5 \equiv -2 \equiv 1 \equiv 4 \equiv 7\,(3)$

e.g. $-4 \equiv -1 \equiv 2 \equiv 5 \equiv 8\,(3)$

1.4.5 剰余類

> **定義 1.4.4**
> $m \in \mathbb{N}$ を法として a と合同な整数のなす集合を,m を法とした a の剰余類といい,$\bar{a}(m)$ と書く.

$m=3$ を法とした場合の例を以下に示す.

e.g. $\bar{0} = \{\cdots -6, -3, 0, 3, 6, \cdots\} = \overline{-3} = \bar{3}\,(3)$

e.g. $\bar{1} = \{\cdots -5, -2, 1, 4, 7, \cdots\} = \overline{-2} = \bar{4}\,(3)$

e.g. $\bar{2} = \{\cdots -4, -1, 2, 5, 8, \cdots\} = \overline{-1} = \bar{5}\,(3)$

$$\bar{a} = \bar{b}\,(m) \Leftrightarrow m\,|\,(a-b)$$

e.g. $\bar{1} = \bar{4}\,(3) \Leftrightarrow 3\,|\,(1-4)$

$$\bar{a} = \overline{a - mt}\,(m),\ t \in \mathbb{Z}$$

e.g. $\bar{8} = \overline{8 - 3 \cdot 2} = \bar{2}\,(3)$

> **補題 1.4.4**
> $\mathbb{Z}$ を $m \in \mathbb{N}$ を法として剰余類に分けるとき,全体で m 個の剰余類に分かれ,各剰余類は $0 \leq r < m$ となる r を含む.

e.g. $m=3$ のとき,$\mathbb{Z}$ は 3 個の剰余類に分かれ,各剰余類は $0 \leq r < 3$ となる $r(=0,1,2)$ を含む.*i.e.* $\mathbb{Z} = \bar{0} \cup \bar{1} \cup \bar{2}$ である.

定義 1.4.5

$\mathbb{Z}$ の $m \in \mathbb{N}$ を法とした剰余類全体をなす集合を $\mathbb{Z}/m\mathbb{Z}$ で表す．すなわち，$\mathbb{Z}/m\mathbb{Z} = \{\bar{0}, \bar{1}, \cdots, \overline{m-1}\}$ である．

e.g. $\mathbb{Z}/2\mathbb{Z} = \{\bar{0}, \bar{1}\}$
e.g. $\mathbb{Z}/3\mathbb{Z} = \{\bar{0}, \bar{1}, \bar{2}\}$
e.g. $\mathbb{Z}/4\mathbb{Z} = \{\bar{0}, \bar{1}, \bar{2}, \bar{3}\}$

1.4.6 既約剰余類

定義 1.4.6

$m \in \mathbb{N}$ を法とした剰余類 $\bar{a}$ が既約剰余類であるとは，$(a, m) = 1$ となることをいう．
以下，$m \in \mathbb{N}$ を法とした既約剰余類全体のなす集合を $(\mathbb{Z}/m\mathbb{Z})^{\times}$ で表す．

i.e. $(\mathbb{Z}/m\mathbb{Z})^{\times} = \{\bar{a} \mid 1 \leq a \leq m-1, (a, m) = 1\}$ である．$(\mathbb{Z}/m\mathbb{Z})^{\times}$ の要素数は $\varphi(m)$ である．
e.g. $(\mathbb{Z}/2\mathbb{Z})^{\times} = \{\bar{1}\}$
e.g. $(\mathbb{Z}/3\mathbb{Z})^{\times} = \{\bar{1}, \bar{2}\}$
e.g. $(\mathbb{Z}/4\mathbb{Z})^{\times} = \{\bar{1}, \bar{3}\}$

1.4.7 演算

定義 1.4.7

A：集合 $(A \neq \phi)$ とする．$\forall a, b \in A$ に対して，ある一定の規則により，$c \in A$ を定めることを，A に演算（算法）を定義するといい，この規則を A における演算（算法）と呼ぶ．

e.g. $\forall a, b \in \mathbb{Z}$ に対して，通常の $\mathbb{Z}$ の和により $a + b \in \mathbb{Z}$ を定めると，これは $\mathbb{Z}$ における演算．
e.g. $\forall a, b \in \mathbb{Z}$ に対して，通常の $\mathbb{Z}$ の積により $a \cdot b \in \mathbb{Z}$ を定めると，これは $\mathbb{Z}$ における演算．
e.g. $\forall a, b(\neq 0) \in \mathbb{Z}$ に対して，$a \div b \in \mathbb{Z}$ を定めようとしても，$2 \div 3 = 2/3 \notin \mathbb{Z}$ なので，$\mathbb{Z}$ における演算とならない．

1.4.8 剰余類の演算

定義 1.4.8

$\mathbb{Z}/m\mathbb{Z} = \{\bar{0}, \bar{1}, \cdots, \overline{m-1}\}\,(m \in \mathbb{N})$ に対して以下のように和と積を定義する．

$$\forall \bar{a}, \bar{b} \in \mathbb{Z}/m\mathbb{Z} に対して，$$
$$\bar{a} + \bar{b} = \overline{a+b}, \ \bar{a} \cdot \bar{b} = \overline{a \cdot b}$$

26 第1章 集合と写像

e.g. $m = 3$ のとき $\mathbb{Z}/3\mathbb{Z} = \{\bar{0}, \bar{1}, \bar{2}\}$ となり，各要素の演算結果は以下のようになる．

$$\bar{0} + \bar{0} = \overline{0+0} = \bar{0}, \quad \bar{0} + \bar{1} = \overline{0+1} = \bar{1}, \quad \bar{0} + \bar{2} = \overline{0+2} = \bar{2}$$

$$\bar{1} + \bar{0} = \overline{1+0} = \bar{1}, \quad \bar{1} + \bar{1} = \overline{1+1} = \bar{2}, \quad \bar{1} + \bar{2} = \overline{1+2} = \bar{3} = \bar{0}$$

$$\bar{2} + \bar{0} = \overline{2+0} = \bar{2}, \quad \bar{2} + \bar{1} = \overline{2+1} = \bar{3} = \bar{0}, \quad \bar{2} + \bar{2} = \overline{2+2} = \bar{4} = \bar{1}$$

$$\bar{0} \cdot \bar{0} = \overline{0 \cdot 0} = \bar{0}, \quad \bar{0} \cdot \bar{1} = \overline{0 \cdot 1} = \bar{0}, \quad \bar{0} \cdot \bar{2} = \overline{0 \cdot 2} = \bar{0}$$

$$\bar{1} \cdot \bar{0} = \overline{1 \cdot 0} = \bar{0}, \quad \bar{1} \cdot \bar{1} = \overline{1 \cdot 1} = \bar{1}, \quad \bar{1} \cdot \bar{2} = \overline{1 \cdot 2} = \bar{2}$$

$$\bar{2} \cdot \bar{0} = \overline{2 \cdot 0} = \bar{0}, \quad \bar{2} \cdot \bar{1} = \overline{2 \cdot 1} = \bar{2}, \quad \bar{2} \cdot \bar{2} = \overline{2 \cdot 2} = \bar{4} = \bar{1}$$

1.4.9 既約剰余類の演算

定義 1.4.9

$(\mathbb{Z}/m\mathbb{Z})^{\times} = \{\bar{a} \mid 1 \leq a \leq m-1, (a, m) = 1\}$ $(m \in \mathbb{N})$ に対して以下のように積を定義する．

$$\forall \bar{a}, \bar{b} \in (\mathbb{Z}/m\mathbb{Z})^{\times} \text{ に対して,} \bar{a} \cdot \bar{b} = \overline{a \cdot b}$$

e.g. $m = 5$ のとき $(\mathbb{Z}/5\mathbb{Z})^{\times} = \{\bar{1}, \bar{2}, \bar{3}, \bar{4}\}$ となり，各要素の演算結果は以下のようになる．

$$\bar{1} \cdot \bar{1} = \overline{1 \cdot 1} = \bar{1}, \quad \bar{1} \cdot \bar{2} = \overline{1 \cdot 2} = \bar{2}, \quad \bar{1} \cdot \bar{3} = \overline{1 \cdot 3} = \bar{3}, \quad \bar{1} \cdot \bar{4} = \overline{1 \cdot 4} = \bar{4}$$

$$\bar{2} \cdot \bar{1} = \overline{2 \cdot 1} = \bar{2}, \quad \bar{2} \cdot \bar{2} = \overline{2 \cdot 2} = \bar{4}, \quad \bar{2} \cdot \bar{3} = \overline{2 \cdot 3} = \bar{6} = \bar{1}, \quad \bar{2} \cdot \bar{4} = \overline{2 \cdot 4} = \bar{8} = \bar{3}$$

$$\bar{3} \cdot \bar{1} = \overline{3 \cdot 1} = \bar{3}, \quad \bar{3} \cdot \bar{2} = \overline{3 \cdot 2} = \bar{6} = \bar{1}, \quad \bar{3} \cdot \bar{3} = \overline{3 \cdot 3} = \bar{9} = \bar{4}, \quad \bar{3} \cdot \bar{4} = \overline{3 \cdot 4} = \overline{12} = \bar{2}$$

$$\bar{4} \cdot \bar{1} = \overline{4 \cdot 1} = \bar{4}, \quad \bar{4} \cdot \bar{2} = \overline{4 \cdot 2} = \bar{8} = \bar{3}, \quad \bar{4} \cdot \bar{3} = \overline{4 \cdot 3} = \overline{12} = \bar{2}, \quad \bar{4} \cdot \bar{4} = \overline{4 \cdot 4} = \overline{16} = \bar{1}$$

1.4.10 群

定義 1.4.10

G：集合 $(G \neq \phi)$ に対して，演算・が定義されているとする．$(a, b \in G$ に対して $a \cdot b \in G$ を単に ab のように・を略して書く．$)$

G：**群 (group)** $\Leftrightarrow G$ において以下の (1)〜(3) が成立する．

(1) $\forall a, b, c \in G$ に対して $(ab)c = a(bc)$ （結合法則）

(2) $\exists e \in G$ *s.t.* $\forall a \in G$ に対して $ae = ea = a$ （単位元の存在．e を単位元と呼ぶ．）

(3) $\forall a \in G$ に対して $\exists x \in G$ *s.t.* $ax = xa = e$（逆元の存在．x を a の逆元と呼び，a^{-1} と書く．）

e.g. $\mathbb{Z}$ の通常の演算 $+$ に対して $\mathbb{Z}$ は群となる．（ただし，このとき単位元は 0, a の逆元は $-a$ である．）

定義 1.4.11

G：群とする．$\forall a, b \in G$ に対して，$ab = ba$（交換法則）が成り立つとき，G を **可換群**
(Abel 群) と呼ぶ．

e.g. $\mathbb{Z}$ の通常の演算 $+$ に対して $\mathbb{Z}$ は可換群となる．

補題 1.4.5

$(\mathbb{Z}/m\mathbb{Z})^{\times} = \{\bar{a} \mid 1 \leq a \leq m-1, (a, m) = 1\}\,(m \in \mathbb{N}, m \geq 2)$ は，演算 $\cdot$ に関して可換群
となる．（ただし $\forall \bar{a}, \bar{b} \in (\mathbb{Z}/m\mathbb{Z})^{\times}$ に対して，$\bar{a} \cdot \bar{b} = \overline{a \cdot b}.$）

e.g. $(\mathbb{Z}/3\mathbb{Z})^{\times} = \{\bar{1}, \bar{2}\}$，$(\mathbb{Z}/4\mathbb{Z})^{\times} = \{\bar{1}, \bar{3}\}$，$(\mathbb{Z}/5\mathbb{Z})^{\times} = \{\bar{1}, \bar{2}, \bar{3}, \bar{4}\}$ などは可換群．

定義 1.4.12

G：群とする．$\exists g \in G$ s.t. $\forall x \in G$ に対して $x = g^n (n \in \mathbb{N})$ と書けるとき，G を **巡回群**
(cyclic group) という．また，g を G の生成元と呼び，$G = \langle g \rangle$ と書く．

定理 1.4.6

p：素数 $\Rightarrow (\mathbb{Z}/p\mathbb{Z})^{\times} = \{\bar{a} \mid 1 \leq a \leq p-1, (a, p) = 1\}$ は巡回群となる．

e.g. $p = 5$ のとき $(\mathbb{Z}/5\mathbb{Z})^{\times} = \{\bar{1}, \bar{2}, \bar{3}, \bar{4}\} = \left\{\bar{1}, \bar{2}, \overline{2^2} = \bar{4}, \overline{2^3} = 8 = \bar{3}\right\} = \langle \bar{2} \rangle.$

群の例を以下に示す．

例

- $\mathbb{Z}, \mathbb{Q}, \mathbb{R}, \mathbb{C}$ は通常の和に対して可換群．
- $\mathbb{Q}^{\times} = \mathbb{Q} - \{0\}$，$\mathbb{R}^{\times} = \mathbb{R} - \{0\}$，$\mathbb{C}^{\times} = \mathbb{C} - \{0\}$ は通常の積に対して可換群．
- $\mathbb{Z} - \{0\}$ は積に対して群にならない．
- $(\mathbb{Z}/m\mathbb{Z})^{\times} = \{\bar{a} \mid 1 \leq a \leq m-1, (a, m) = 1\}\,(m \in \mathbb{N})$ は補題 1.4.5 の積に対して可換群．
- $M(2, \mathbb{R}) = \left\{\begin{pmatrix} a & b \\ c & d \end{pmatrix} \middle| a, b, c, d \in \mathbb{R}\right\}$ は和に対して可換群．

  ただし，積に対しては群ではない．
- $GL(2, \mathbb{R}) = \left\{\begin{pmatrix} a & b \\ c & d \end{pmatrix} \middle| a, b, c, d \in \mathbb{R}, ad - bc \neq 0\right\}$ は積に対して非可換群．
- $SL(2, \mathbb{R}) = \left\{\begin{pmatrix} a & b \\ c & d \end{pmatrix} \middle| a, b, c, d \in \mathbb{R}, ad - bc = 1\right\}$ は積に対して非可換群．

28 第1章 集合と写像

1.4.11 環

定義 1.4.13

R: 集合 $(R \neq \phi)$ に対して2つの演算 $\cdot, +$ が定義されているとする.

R: 環 (ring) $\Leftrightarrow$ R において以下の (1)〜(3) が成立する.

(1) R は演算 $+$ に関して可換群.

(2) $\forall a, b, c \in R$ に対して $(ab)c = a(bc)$. （結合法則）

(3) $\forall a, b, c \in R$ に対して $a(b+c) = ab + ac, (a+b)c = ac + bc$. （分配法則）

e.g. $\mathbb{Z}$ は通常の演算 $\cdot, +$ に対して環となる.

定義 1.4.14

R: 環とする. $\forall a, b \in R$ に対して, $ab = ba$ （交換法則）が成り立つとき, R を**可換環** (commutative ring) と呼ぶ.

e.g. $\mathbb{Z}$ は通常の演算 $\cdot, +$ に対して可換環となる.

補題 1.4.7

$\mathbb{Z}/m\mathbb{Z} = \{\bar{0}, \bar{1}, \cdots, \overline{m-1}\}$ $(m \in \mathbb{N})$ は演算 $\cdot, +$ に対して可換環となる. （ただし $\forall \bar{a}, \bar{b} \in \mathbb{Z}/m\mathbb{Z}, \bar{a} + \bar{b} = \overline{a+b}, \bar{a} \cdot \bar{b} = \overline{a \cdot b}.$）この環を剰余環という.

環の例を以下に示す.

例

- $\mathbb{Z}, \mathbb{Q}, \mathbb{R}, \mathbb{C}$ は通常の和と積に対して可換環.

- $\mathbb{Z}[i] = \{a + bi \,|\, a, b \in \mathbb{Z}\}$ は通常の和と積に対して可換環.

- $\mathbb{Z}[\sqrt{2}] = \{a + b\sqrt{2} \,|\, a, b \in \mathbb{Z}\}$ は通常の和と積に対して可換環.

- $\mathbb{Z}[\sqrt{3}], \mathbb{Z}[\sqrt{5}], \mathbb{Z}[\sqrt{7}], \mathbb{Z}[\sqrt{11}]$ も可換環.

- $\mathbb{Z}/m\mathbb{Z} = \{\bar{0}, \bar{1}, \bar{2}, \cdots, \overline{m-1}\}$ は補題 1.4.7 の和と積に対して可換環.

- $M(2, \mathbb{R}) = \left\{ \begin{pmatrix} a & b \\ c & d \end{pmatrix} \,\middle|\, a, b, c, d \in \mathbb{R} \right\}$ は通常の和と積に対して非可換環.

- $GL(2, \mathbb{R}), SL(2, \mathbb{R})$ も非可換環.

1.4.12 体

> **定義 1.4.15**
>
> F：可換環（演算 $\cdot$, $+$）とする．F：**体 (field)** $\Leftrightarrow F$ において以下の (1),(2) が成立する．
> (1) F は演算 $\cdot$ に関しても単位元をもつ．
>   （これを 1 と書く．$\forall a \in F$ に対して $a1 = 1a = a$.）
> (2) $\forall a(\neq 0) \in F$ に対して，$a^{-1} \in F$ が存在して $aa^{-1} = 1$.

e.g. $\mathbb{Q}$：有理数全体のなす集合とすると，$\mathbb{Q}$ は通常の演算 $\cdot$, $+$ に関して体となる．

> **定義 1.4.16**
>
> F：体とする．F の集合として元の個数が有限のとき，F を **有限体 (finite field)** と呼ぶ．

> **定理 1.4.8**
>
> $$\mathbb{Z}/m\mathbb{Z} = \left\{\bar{0}, \bar{1}, \cdots, \overline{m-1}\right\} \ (m \in \mathbb{N}) \ が体 \Leftrightarrow m：素数$$

e.g. $\mathbb{Z}/3\mathbb{Z}$ は体，したがって有限体となる．

体の例を以下に示す．

┃例

- $\mathbb{Q}, \mathbb{R}, \mathbb{C}$ は通常の和と積に対して体．

- $\mathbb{Q}(i) = \{a + bi \,|\, a, b \in \mathbb{Q}\}$ は通常の和と積に対して体．

- $\mathbb{Q}\left(\sqrt{2}\right) = \left\{a + b\sqrt{2} \,|\, a, b \in \mathbb{Q}\right\}$ は通常の和と積に対して体．

- $\mathbb{Q}\left(\sqrt{3}\right), \mathbb{Q}\left(\sqrt{5}\right), \mathbb{Q}\left(\sqrt{7}\right), \mathbb{Q}\left(\sqrt{11}\right)$ も体．

- $\mathbb{Q}\left(\sqrt{2}, \sqrt{3}\right) = \left\{a + b\sqrt{2} + c\sqrt{3} + d\sqrt{6} \,|\, a, b, c, d \in \mathbb{Q}\right\}$ は通常の和と積に対して体．

- p：奇素数 (odd prime)，$\zeta_p = e^{\frac{2\pi i}{p}} = \exp(2\pi i/p)$ とするとき，
  $\mathbb{Q}(\zeta_p) = \left\{\sum_{i=1}^{p-1} a_i \zeta_p^i \,|\, a_i \in \mathbb{Q}\right\}$ は通常の和と積に対して体．

- $\mathbb{Z}/p\mathbb{Z} = \left\{\bar{0}, \bar{1}, \bar{2}, \cdots, \overline{p-1}\right\}$, p：素数は補題 1.4.7 の和と積に対して有限体．

30   第 1 章　集合と写像

確認問題 1.4

1. $\varphi(12)$ を求めよ.

2. $(\mathbb{Z}/17\mathbb{Z})^{\times}$ の要素数を求めよ.

3. 群の定義を正確に述べ, 群の例を 1 つ以上示せ.

4. 定義に従い $(\mathbb{Z}/7\mathbb{Z})^{\times}$ が群となることを示せ.

5. $(\mathbb{Z}/7\mathbb{Z})^{\times}$ は巡回群となるが，その生成元を求めよ．

6. 環の定義を正確に述べ，環の例を 1 つ以上示せ．

7. 定義に従い $\mathbb{Z}\left[\sqrt{2}\right]$ が可換環となることを示せ．

32   第 1 章　集合と写像

8. 体の定義を正確に述べ，体の例を 1 つ以上示せ．

9. 定義に従い $\mathbb{Q}\left(\sqrt{2}\right)$ が体となることを示せ．

第2章 ベクトル空間

2.1 ベクトル空間の定義・一次独立・一次従属・次元・基底

2.1.1 数ベクトル

1 行あるいは 1 列に並べて書かれた順序をもった n 個の数の組を n 次元数ベクトルという．1 行に並べて書いた n 次元数ベクトルを**行ベクトル**と呼び，1 列に並べて書いた n 次元数ベクトルを**列ベクトル**と呼ぶ．以下に例を示す．

▌例

n 次元数ベクトルの行ベクトル表現：

$$\boldsymbol{a} = (a_1, a_2, \cdots, a_n)$$

n 次元数ベクトルの列ベクトル表現：

$$\boldsymbol{a} = \begin{pmatrix} a_1 \\ a_2 \\ \vdots \\ a_n \end{pmatrix}$$

n 次元数ベクトルにおいて，すべての成分がゼロであるとき，零ベクトルといい，$\boldsymbol{0} = (0, 0, \cdots, 0)$ で表す．また，各ベクトル $\boldsymbol{a} = (a_1, a_2, \cdots, a_n)$ に対して，$-\boldsymbol{a} = (-a_1, -a_2, \cdots, -a_n)$ を逆ベクトルという．数ベクトルに対して，普通の数を特にスカラーと呼ぶ．

2 つのベクトル

$$\boldsymbol{a} = (a_1, a_2, \cdots, a_m)$$
$$\boldsymbol{b} = (b_1, b_2, \cdots, b_n)$$

について，以下の条件 1) と 2) が成り立つとき，数ベクトル $\boldsymbol{a}, \boldsymbol{b}$ は等しいという．

1) $m = n$
2) $a_1 = b_1, a_2 = b_2, \cdots, a_i = b_i, \cdots, a_m = b_n$

数ベクトルの相当の例を以下に示す．

34   第2章　ベクトル空間

▌例

$(100, 200, 80) \neq (100, 80, 200)$

$(100, 200, 80) = (100, 200, 80)$

$(100, 200, 80) \neq (100, 80, 200, 150)$

2.1.2　n 次元数ベクトル空間

成分が実数であるすべての n 次元数ベクトルからなる集合を，実 n 次元数ベクトル空間と呼び，記号 $\mathbb{R}^n$ で表す．すなわち，実 n 次元数ベクトル空間は次のように表すことができる．

$$\mathbb{R}^n = \{\boldsymbol{a} \mid \boldsymbol{a} = (a_1, a_2, \cdots, a_n), a_1, a_2, \cdots, a_n \in \mathbb{R}\}$$

$\mathbb{R}^n$ は無限に多くのベクトルからなるが，この中で特に次のベクトルを**基本ベクトル**と呼ぶ．

$$\boldsymbol{e}_1 = (1, 0, \cdots, 0)$$
$$\boldsymbol{e}_2 = (0, 1, 0, \cdots, 0)$$
$$\vdots$$
$$\boldsymbol{e}_n = (0, 0, \cdots, 0, 1)$$

数ベクトルの和や差は演算であり写像 $\mathbb{R}^n \times \mathbb{R}^n \to \mathbb{R}^n$ となっている．一方，数ベクトルのスカラー倍は作用と呼ばれ，写像 $\mathbb{R} \times \mathbb{R}^n \to \mathbb{R}^n$ となっている．数ベクトルの内積は，写像 $\mathbb{R}^n \times \mathbb{R}^n \to \mathbb{R}$ となっている．

以下に，数ベクトルの和，差，スカラー倍，内積の定義と例を示す．

定義 2.1.1

数ベクトルの和 $+ : \mathbb{R}^n \times \mathbb{R}^n \to \mathbb{R}^n$ は，以下のように定義される．

$$\boldsymbol{a} = \begin{pmatrix} a_1 \\ a_2 \\ \vdots \\ a_n \end{pmatrix}, \ \boldsymbol{b} = \begin{pmatrix} b_1 \\ b_2 \\ \vdots \\ b_n \end{pmatrix} \in \mathbb{R}^n \text{に対して，} \boldsymbol{a} + \boldsymbol{b} = \begin{pmatrix} a_1 + b_1 \\ a_2 + b_2 \\ \vdots \\ a_n + b_n \end{pmatrix} \in \mathbb{R}^n$$

▌例

$$\begin{pmatrix} 4 \\ 1 \\ 3 \end{pmatrix} + \begin{pmatrix} 2 \\ 5 \\ 5 \end{pmatrix} = \begin{pmatrix} 4+2 \\ 1+5 \\ 3+5 \end{pmatrix} = \begin{pmatrix} 6 \\ 6 \\ 8 \end{pmatrix}$$

2.1 ベクトル空間の定義・一次独立・一次従属・次元・基底　35

定義 2.1.2

数ベクトルの差 $- : \mathbb{R}^n \times \mathbb{R}^n \to \mathbb{R}^n$ は，以下のように定義される．

$$\boldsymbol{a} = \begin{pmatrix} a_1 \\ a_2 \\ \vdots \\ a_n \end{pmatrix}, \boldsymbol{b} = \begin{pmatrix} b_1 \\ b_2 \\ \vdots \\ b_n \end{pmatrix} \in \mathbb{R}^n \text{に対して，} \quad \boldsymbol{a} - \boldsymbol{b} = \begin{pmatrix} a_1 - b_1 \\ a_2 - b_2 \\ \vdots \\ a_n - b_n \end{pmatrix} \in \mathbb{R}^n$$

▌例

$$\begin{pmatrix} 4 \\ 1 \\ 3 \end{pmatrix} - \begin{pmatrix} 2 \\ 5 \\ 5 \end{pmatrix} = \begin{pmatrix} 4 - 2 \\ 1 - 5 \\ 3 - 5 \end{pmatrix} = \begin{pmatrix} 2 \\ -4 \\ -2 \end{pmatrix}$$

定義 2.1.3

数ベクトルのスカラー倍 $\cdot : \mathbb{R} \times \mathbb{R}^n \to \mathbb{R}^n$ は，以下のように定義される．

$$\alpha \in \mathbb{R}, \boldsymbol{a} = \begin{pmatrix} a_1 \\ a_2 \\ \vdots \\ a_n \end{pmatrix} \in \mathbb{R}^n \text{に対して，} \quad \alpha\boldsymbol{a} = \begin{pmatrix} \alpha a_1 \\ \alpha a_2 \\ \vdots \\ \alpha a_n \end{pmatrix} \in \mathbb{R}^n$$

▌例

$$3 \begin{pmatrix} 4 \\ 1 \\ 3 \end{pmatrix} = \begin{pmatrix} 3 \times 4 \\ 3 \times 1 \\ 3 \times 3 \end{pmatrix} = \begin{pmatrix} 12 \\ 3 \\ 9 \end{pmatrix}$$

定義 2.1.4

数ベクトルの内積 $\cdot : \mathbb{R}^n \times \mathbb{R}^n \to \mathbb{R}$

$$\boldsymbol{a} = \begin{pmatrix} a_1 \\ a_2 \\ \vdots \\ a_n \end{pmatrix}, \boldsymbol{b} = \begin{pmatrix} b_1 \\ b_2 \\ \vdots \\ b_n \end{pmatrix} \in \mathbb{R}^n \text{に対して，} \quad \boldsymbol{a} \cdot \boldsymbol{b} = a_1 b_1 + a_2 b_2 + \cdots + a_n b_n$$

36   第 2 章　ベクトル空間

▌例

$$\begin{pmatrix} 35 \\ 30 \\ 20 \end{pmatrix} \cdot \begin{pmatrix} 4 \\ 1 \\ 3 \end{pmatrix} = 35 \times 4 + 30 \times 1 + 20 \times 3 = 230$$

数ベクトルの演算 + は，以下の性質をもっており，$\mathbb{R}^n$ は演算 + に関して可換群となっている．

$$\boldsymbol{a} + \boldsymbol{b} = \boldsymbol{b} + \boldsymbol{a} \qquad \text{（交換法則）}$$
$$(\boldsymbol{a} + \boldsymbol{b}) + \boldsymbol{c} = \boldsymbol{a} + (\boldsymbol{b} + \boldsymbol{c}) \qquad \text{（結合法則）}$$
$$\boldsymbol{a} + \boldsymbol{0} = \boldsymbol{0} + \boldsymbol{a} = \boldsymbol{a} \qquad \text{（零元の存在）}$$
$$\boldsymbol{a} + (-\boldsymbol{a}) = (-\boldsymbol{a}) + \boldsymbol{a} = \boldsymbol{0} \qquad \text{（逆元の存在）}$$

また，数ベクトルへの $\mathbb{R}$ の作用であるスカラー倍は，以下の性質をもっている．

$$\alpha(\boldsymbol{a} + \boldsymbol{b}) = \alpha\boldsymbol{a} + \alpha\boldsymbol{b}$$
$$(\alpha + \beta)\boldsymbol{a} = \alpha\boldsymbol{a} + \beta\boldsymbol{a}$$
$$(\alpha\beta)\boldsymbol{a} = \alpha(\beta\boldsymbol{a})$$
$$1\boldsymbol{a} = \boldsymbol{a}$$

以下に，数ベクトルの内積の性質を示す．

$$\boldsymbol{a} \cdot \boldsymbol{b} = \boldsymbol{b} \cdot \boldsymbol{a}$$
$$(\boldsymbol{a} + \boldsymbol{b}) \cdot \boldsymbol{c} = \boldsymbol{a} \cdot \boldsymbol{c} + \boldsymbol{b} \cdot \boldsymbol{c}, \ \boldsymbol{a} \cdot (\boldsymbol{b} + \boldsymbol{c}) = \boldsymbol{a} \cdot \boldsymbol{b} + \boldsymbol{a} \cdot \boldsymbol{c}$$
$$(\alpha\boldsymbol{a}) \cdot \boldsymbol{b} = \alpha(\boldsymbol{a} \cdot \boldsymbol{b}) = \boldsymbol{a} \cdot (\alpha\boldsymbol{b})$$
$$\boldsymbol{a} \neq \boldsymbol{0} \text{ ならば } \boldsymbol{a} \cdot \boldsymbol{a} > 0, \ \boldsymbol{a} = \boldsymbol{0} \text{ ならば } \boldsymbol{a} \cdot \boldsymbol{a} = 0$$

2.1.3　数ベクトルの一次結合

n 次元数ベクトル空間 $\mathbb{R}^n$ の中のいくつかの数ベクトル $\boldsymbol{a}_1, \boldsymbol{a}_2, \cdots, \boldsymbol{a}_r$ に対して $\alpha_1\boldsymbol{a}_1 + \alpha_2\boldsymbol{a}_2 + \cdots + \alpha_r\boldsymbol{a}_r$ の形の数ベクトルを $\boldsymbol{a}_1, \boldsymbol{a}_2, \cdots, \boldsymbol{a}_r$ の**一次結合**または**線形結合**という．任意の数ベクトル $\boldsymbol{a} = (a_1, a_2, \cdots, a_n)$ は，基本ベクトル $\boldsymbol{e}_1, \boldsymbol{e}_2, \cdots, \boldsymbol{e}_n$ の線形結合で表すことができる．しかもこの表し方は一意的である．

$$\boldsymbol{a} = a_1\boldsymbol{e}_1 + a_2\boldsymbol{e}_2 + \cdots + a_n\boldsymbol{e}_n$$

▌例題

次の数ベクトルの等式が成り立つように x, y を定めなさい．

$$(1) \begin{pmatrix} x \\ 2 \end{pmatrix} = \begin{pmatrix} 3 \\ x + y \end{pmatrix} \qquad (2) \ (x + y, x - y) = (1, 3)$$

2.1 ベクトル空間の定義・一次独立・一次従属・次元・基底　　37

解

(1) 2 つの数ベクトルが等しいことは，対応する成分が等しいということであるから，$x = 3, 2 = x + y$ である．これを解いて，$x = 3, y = -1$ となる．

(2) 2 つの数ベクトルの対応する成分が等しいことより，連立方程式

$$\begin{cases} x + y = 1 \\ x - y = 3 \end{cases}$$

を得る．これを解いて $x = 2, y = -1$ となる．

例題

$$\boldsymbol{a} = \begin{pmatrix} 6 \\ -2 \\ 4 \end{pmatrix}, \boldsymbol{b} = \begin{pmatrix} 3 \\ 0 \\ -1 \end{pmatrix}, \boldsymbol{c} = \begin{pmatrix} 3 \\ -1 \\ 2 \end{pmatrix}$$ のとき，次の (1),(2) の値を求めよ．

(1) $3\boldsymbol{a} + 4\boldsymbol{b}$

(2) $4(3\boldsymbol{a} - \boldsymbol{b} + \boldsymbol{c}) - 2(5\boldsymbol{a} - 2\boldsymbol{b} + 4\boldsymbol{c})$

解

(1)

$$3\boldsymbol{a} + 4\boldsymbol{b} = 3\begin{pmatrix} 6 \\ -2 \\ 4 \end{pmatrix} + 4\begin{pmatrix} 3 \\ 0 \\ -1 \end{pmatrix} = \begin{pmatrix} 18 \\ -6 \\ 12 \end{pmatrix} + \begin{pmatrix} 12 \\ 0 \\ -4 \end{pmatrix} = \begin{pmatrix} 30 \\ -6 \\ 8 \end{pmatrix}$$

(2)

$$4(3\boldsymbol{a} - \boldsymbol{b} + \boldsymbol{c}) - 2(5\boldsymbol{a} - 2\boldsymbol{b} + 4\boldsymbol{c}) = 2\boldsymbol{a} - 4\boldsymbol{c}$$

$$= 2\begin{pmatrix} 6 \\ -2 \\ 4 \end{pmatrix} - 4\begin{pmatrix} 3 \\ -1 \\ 2 \end{pmatrix} = \begin{pmatrix} 12 \\ -4 \\ 8 \end{pmatrix} - \begin{pmatrix} 12 \\ -4 \\ 8 \end{pmatrix} = \begin{pmatrix} 0 \\ 0 \\ 0 \end{pmatrix} = \boldsymbol{0}$$

2.1.4　ベクトル空間の定義

集合 V が次の 2 つの条件 (I),(II) を満たすとき，V を体 K 上の**ベクトル空間**（単にベクトル空間）といい，V の元（要素）を**ベクトル**と呼ぶ．

(I) V の任意の 2 元 $\boldsymbol{a}, \boldsymbol{b}$ に対して，和と呼ばれる V の 1 つの元（それを $\boldsymbol{a} + \boldsymbol{b}$ で表す）を対応させる規則（演算）が定義され，次の法則が成り立つ．

　(VS1) $\forall \boldsymbol{a}, \boldsymbol{b} \in V$ に対して $\boldsymbol{a} + \boldsymbol{b} = \boldsymbol{b} + \boldsymbol{a}$　　　　　　　　（交換法則）

　(VS2) $\forall \boldsymbol{a}, \boldsymbol{b}, \boldsymbol{c} \in V$ に対して $(\boldsymbol{a} + \boldsymbol{b}) + \boldsymbol{c} = \boldsymbol{a} + (\boldsymbol{b} + \boldsymbol{c})$　　（結合法則）

　(VS3) $\exists \boldsymbol{0} \in V, \forall \boldsymbol{a} \in V$ に対して $\boldsymbol{a} + \boldsymbol{0} = \boldsymbol{0} + \boldsymbol{a} = \boldsymbol{a}$　　　（零元の存在）

　(VS4) $\forall \boldsymbol{a} \in V$ に対して $\exists -\boldsymbol{a} \in V \ s.t. \ \boldsymbol{a} + (-\boldsymbol{a}) = (-\boldsymbol{a}) + \boldsymbol{a} = \boldsymbol{0}$　（逆元の存在）

38 第 2 章 ベクトル空間

(II) V の任意の元 $\boldsymbol{a}$ と体 K の任意の元 α に対して，$\boldsymbol{a}$ の α 倍と呼ばれる V の 1 つの元（それを $\alpha\boldsymbol{a}$ で表す）を対応させる規則（体 K の作用）が定義され，体 K の任意の元 α, β および V の任意の元 $\boldsymbol{a}, \boldsymbol{b}$ に対して次が成り立つ．

(VS5) $\alpha\left(\boldsymbol{a}+\boldsymbol{b}\right)=\alpha\boldsymbol{a}+\alpha\boldsymbol{b}$

(VS6) $\left(\alpha+\beta\right)\boldsymbol{a}=\alpha\boldsymbol{a}+\beta\boldsymbol{a}$

(VS7) $\left(\alpha\beta\right)\boldsymbol{a}=\alpha\left(\beta\boldsymbol{a}\right)$

(VS8) $1\boldsymbol{a}=\boldsymbol{a}$

ベクトル空間の例を以下に示す．

▌例

- $\mathbb{R}$ は体 $\mathbb{R}$ 上の 1 次元ベクトル空間．
- $\mathbb{R}^n$ は体 $\mathbb{R}$ 上の n 次元ベクトル空間．
- $\mathbb{C}$ は体 $\mathbb{C}$ 上の 1 次元ベクトル空間．
- $\mathbb{C}$ は体 $\mathbb{R}$ 上の 2 次元ベクトル空間．
- $\mathbb{C}^n$ は体 $\mathbb{C}$ 上の n 次元ベクトル空間．
- $\mathbb{Q}\left(i\right)=\{a+bi \,|\, a,b \in \mathbb{Q}\}$ は体 $\mathbb{Q}$ 上の 2 次元ベクトル空間．
- $\mathbb{Q}\left(\sqrt{2}\right)=\{a+b\sqrt{2} \,|\, a,b \in \mathbb{Q}\}$ は体 $\mathbb{Q}$ 上の 2 次元ベクトル空間．
- $\mathbb{Q}\left(\sqrt{2}\right), \mathbb{Q}\left(\sqrt{5}\right), \mathbb{Q}\left(\sqrt{7}\right)$ もみんな体 $\mathbb{Q}$ 上の 2 次元ベクトル空間．
- $\mathbb{Q}\left(\sqrt{2},\sqrt{3}\right)=\{a+b\sqrt{2}+c\sqrt{3}+d\sqrt{6} \,|\, a,b,c,d \in \mathbb{Q}\}$ は体 $\mathbb{Q}$ 上の 4 次元ベクトル空間．
- p：奇素数，$\zeta_p = e^{\frac{2\pi i}{p}} = \exp(2\pi i/p)$ とするとき，$\mathbb{Q}\left(\zeta_p\right)=\left\{\sum_{i=1}^{p-1} a_i \zeta_p^i \,|\, a_i \in \mathbb{Q}\right\}$ は $\mathbb{Q}$ 上の $\varphi\left(p\right)=p-1$ 次元ベクトル空間．
- $M\left(2,\mathbb{R}\right)=\left\{\begin{pmatrix} a & b \\ c & d \end{pmatrix} \,\middle|\, a,b,c,d \in \mathbb{R}\right\}$ は体 $\mathbb{R}$ 上の 4 次元ベクトル空間．

ベクトル空間の定義に基づき，$\mathbb{Q}\left(i\right)=\{a+bi \,|\, a,b \in \mathbb{Q}\}$ が体 $\mathbb{Q}$ 上のベクトル空間となることを示す．

(I) $\mathbb{Q}\left(i\right)$ においては，その任意の 2 元 $a+bi$, $c+di$ に対して，その和 $(a+c)+(b+d)i \in \mathbb{Q}\left(i\right)$ が定義されている．また，この和に関して，次の (VS1)〜(VS4) が成り立つ．

(VS1) $\forall a+bi$, $c+di \in \mathbb{Q}\left(i\right)$ に対して，

$$(a+bi)+(c+di) = (c+di)+(a+bi)$$

なので交換法則が成り立つ．

(VS2) $\forall a+bi$, $c+di$, $e+fi \in \mathbb{Q}\left(i\right)$ に対して，

$$((a+bi)+(c+di))+(e+fi) = (a+bi)+((c+di)+(e+fi))$$

なので，結合法則も成り立つ．

(VS3) また，$0 \in \mathbb{Q}\left(i\right)$ であり，$\forall a+bi \in \mathbb{Q}\left(i\right)$ に対して，

$$(a+bi) + 0 = 0 + (a+bi) = a+bi$$

となる．よって零元も存在する．

(VS4) $\forall a+bi \in \mathbb{Q}(i)$ に対して $-a-bi \in \mathbb{Q}(i)$ を考えると，これは逆元となる．

(II) $\mathbb{Q}(i)$ の任意の元 $a+bi$ と体 $\mathbb{Q}$ の任意の元 α に対して，$a+bi$ の α 倍を $\alpha(a+bi) = \alpha a + \alpha b i \in \mathbb{Q}(i)$ と考えると，体 $\mathbb{Q}$ の任意の元 α, β および $\mathbb{Q}(i)$ の任意の元 $a+bi, c+di$ に対して，次の (VS5)〜(VS8) が成り立つ．

(VS5) $\alpha((a+bi) + (c+di)) = \alpha(a+bi) + \alpha(c+di)$

(VS6) $(\alpha+\beta)(a+bi) = \alpha(a+bi) + \beta(a+bi)$

(VS7) $(\alpha\beta)(a+bi) = \alpha(\beta(a+bi))$

(VS8) $1(a+bi) = a+bi$

以上より，$\mathbb{Q}(i)$ は体 $\mathbb{Q}$ 上のベクトル空間となる．

2.1.5 一次独立と一次従属

ベクトル空間 V の m 個のベクトル $\boldsymbol{a}_1, \boldsymbol{a}_2, \cdots, \boldsymbol{a}_m$ と零ベクトル $\boldsymbol{0}$ に対して，

$$\alpha_1 \boldsymbol{a}_1 + \alpha_2 \boldsymbol{a}_2 + \cdots + \alpha_m \boldsymbol{a}_m = \boldsymbol{0}$$

が成り立つのは $\alpha_1 = \alpha_2 = \cdots = \alpha_m = 0$ の場合に限るとき，$\boldsymbol{a}_1, \boldsymbol{a}_2, \cdots, \boldsymbol{a}_m$ は**一次独立**または**線形独立**であるという．

そうでないとき，すなわち，$\alpha_1, \alpha_2, \cdots, \alpha_m$ の中に少なくとも 1 つ 0 でないものがあるとき，$\boldsymbol{a}_1, \boldsymbol{a}_2, \cdots, \boldsymbol{a}_m$ は**一次従属**または**線形従属**であるという．

> 一次従属 ⇔ どれか 1 つが他のベクトルの一次結合となる．
>
> 一次独立 ⇔ どれも他のベクトルの一次結合では表せない．

例題

$\mathbb{R}^3$ の次の各組のベクトルは，一次独立であるか，一次従属であるか判定せよ．

一次従属の場合は，どれか 1 つを，他のベクトルの一次結合で表しなさい．

(1) $\boldsymbol{a}_1 = (1, 2, 0), \boldsymbol{a}_2 = (3, 1, 1), \boldsymbol{a}_3 = (7, -1, 3)$

(2) $\boldsymbol{a}_1 = (1, 1, -2), \boldsymbol{a}_2 = (2, -2, -1), \boldsymbol{a}_3 = (1, -2, 1)$

解

(1) $c_1 \boldsymbol{a}_1 + c_2 \boldsymbol{a}_2 + c_3 \boldsymbol{a}_3 = \boldsymbol{0}$ とおくと，$c_1(1,2,0) + c_2(3,1,1) + c_3(7,-1,3) = (0,0,0)$ となる．これから，$(c_1 + 3c_2 + 7c_3, 2c_1 + c_2 - c_3, c_2 + 3c_3) = (0,0,0)$ になる．したがって，

40　第2章　ベクトル空間

$$\begin{cases} c_1 + 3c_2 + 7c_3 = 0 \\ 2c_1 + c_2 - c_3 = 0 \\ c_2 + 3c_3 = 0 \end{cases}$$

となる. これから, $c_1 = 2c_3, c_2 = -3c_3$ となる. $c_1\boldsymbol{a}_1 + c_2\boldsymbol{a}_2 + c_3\boldsymbol{a}_3 = \boldsymbol{0}$ に代入して, $2c_3\boldsymbol{a}_1 - 3c_3\boldsymbol{a}_2 + c_3\boldsymbol{a}_3 = \boldsymbol{0}$. したがって, $\boldsymbol{a}_3 = -2\boldsymbol{a}_1 + 3\boldsymbol{a}_2$ となる. 以上から, $\boldsymbol{a}_1, \boldsymbol{a}_2, \boldsymbol{a}_3$ は一次従属となる.

(2) $c_1\boldsymbol{a}_1 + c_2\boldsymbol{a}_2 + c_3\boldsymbol{a}_3 = \boldsymbol{0}$ とおくと,

$$\begin{cases} c_1 + 2c_2 + c_3 = 0 \\ c_1 - 2c_2 - 2c_3 = 0 \\ -2c_1 - c_2 + c_3 = 0 \end{cases}$$

となる. これを解くと, $c_1 = c_2 = c_3 = 0$ となる. よって, $\boldsymbol{a}_1, \boldsymbol{a}_2, \boldsymbol{a}_3$ は一次独立である.

2.1.6　基底と次元

ベクトル空間 V の n 個の一次独立なベクトル $\boldsymbol{a}_1, \boldsymbol{a}_2, \cdots, \boldsymbol{a}_n$ に対して, V の任意のベクトルが $\boldsymbol{a}_1, \boldsymbol{a}_2, \cdots, \boldsymbol{a}_n$ の一次結合として表されるとき, この $\boldsymbol{a}_1, \boldsymbol{a}_2, \cdots, \boldsymbol{a}_n$ は V の1つの**基底 (basis)** であるという.

▌例

$\boldsymbol{e}_1, \boldsymbol{e}_2, \cdots, \boldsymbol{e}_n$ はベクトル空間 $\mathbb{R}^n$ の体 $\mathbb{R}$ 上の基底.

$1, i$ はベクトル空間 $\mathbb{C}$ の体 $\mathbb{R}$ 上の基底.

$1, \sqrt{2}$ はベクトル空間 $\mathbb{Q}\left(\sqrt{2}\right)$ の体 $\mathbb{Q}$ 上の基底.

$1, \sqrt{2}, \sqrt{3}, \sqrt{6}$ はベクトル空間 $\mathbb{Q}\left(\sqrt{2}, \sqrt{3}\right)$ の体 $\mathbb{Q}$ 上の基底.

体 K 上のベクトル空間 V に有限個のベクトルからなる1つの基底が存在するとき, または $V = \{0\}$ のとき, V は有限次元であるといい, そうでないとき V は無限次元であるという.

有限次元ベクトル空間 V においては, 各基底に属するベクトルの個数は実は一定になる. すなわち, V の基底に属するベクトルの個数は V のみによって定まる. これを V の**次元**と呼び, $dim_K V$ で表す. ただし $V = \{0\}$ のときは, V の次元は0であるといい, $dim_K V = 0$ と書く.

▌例

$$dim_{\mathbb{R}} \mathbb{R}^n = n \qquad dim_{\mathbb{R}} \mathbb{C} = 2 \qquad dim_{\mathbb{Q}} \mathbb{Q}\left(\sqrt{2}\right) = 2 \qquad dim_{\mathbb{Q}} \mathbb{Q}\left(\sqrt{2}, \sqrt{3}\right) = 4$$

確認問題 2.1

1. 実 4 次元数ベクトル空間 $\mathbb{R}^4$ を内包的記法で表現せよ．また，$\mathbb{R}^4$ の基本ベクトルをすべて成分も含めて示せ．

2. 実 4 次元数ベクトル空間 $\mathbb{R}^4$ の要素 $\boldsymbol{a} = (1,1,1,0), \boldsymbol{b} = (0,1,-1,2)$ に対して，$\boldsymbol{a} + \boldsymbol{b}$, $\boldsymbol{a} - \boldsymbol{b}, 2\boldsymbol{b}, \boldsymbol{a} \cdot \boldsymbol{b}$ を求めよ．

   $\boldsymbol{a} + \boldsymbol{b} =$ $2\boldsymbol{b} =$

   $\boldsymbol{a} - \boldsymbol{b} =$ $\boldsymbol{a} \cdot \boldsymbol{b} =$

3. ベクトル空間の定義を正確に述べよ．また，ベクトル空間の例を 7 個以上挙げよ．

42   第 2 章　ベクトル空間

4. $\mathbb{Q}\left(\sqrt{2}\right)$ は体 $\mathbb{Q}$ 上のベクトル空間であること示せ.

5. 体 $\mathbb{R}$ 上のベクトル空間 $\mathbb{R}^3$ において，次のベクトルの組は一次独立か判定せよ．

$\boldsymbol{a} = (1, 1, 1), \boldsymbol{b} = (0, 1, -1), \boldsymbol{c} = (1, 1, 0)$

6. 体 $\mathbb{R}$ 上のベクトル空間 $M(2, \mathbb{R})$ において，次のベクトルの組は一次独立か判定せよ．

$$\boldsymbol{a} = \begin{pmatrix} 1 & 2 \\ 3 & 4 \end{pmatrix}, \boldsymbol{b} = \begin{pmatrix} 2 & 3 \\ 4 & 1 \end{pmatrix}, \boldsymbol{c} = \begin{pmatrix} 3 & 4 \\ 1 & 2 \end{pmatrix}, \boldsymbol{d} = \begin{pmatrix} 4 & 1 \\ 2 & 3 \end{pmatrix}$$

7. 次の値を求めよ．

$dim_{\mathbb{R}} \mathbb{R}^4 =$ $\qquad$ $dim_{\mathbb{R}} \mathbb{C} =$ $\qquad$ $dim_{\mathbb{Q}} \mathbb{Q}(i) =$

44   第2章　ベクトル空間

8. 実数を係数とする x についての多項式全体からなる集合 $\mathbb{R}[x]$ を考える. すなわち, $\mathbb{R}[x] = \left\{ a_n x^n + a_{n-1} x^{n-1} + \cdots + a_0 \mid n \in \mathbb{Z}, a_i \in \mathbb{R}, 0 \le i \le n \right\}$ である. この $\mathbb{R}[x]$ は体 $\mathbb{R}$ 上のベクトル空間となることを示せ.

第3章 行列

3.1 行列の定義・行列の演算

3.1.1 行列

行（横の並び），列（縦の並び）に並べた実数の組を**行列（マトリックス）**という．一般的には実数に限らず，複素数を並べてもよい．

一般の m 行 n 列の行列を以下のように書き，

$$\begin{pmatrix} a_{11} & a_{12} & \cdots & a_{1n} \\ a_{21} & a_{22} & \cdots & a_{2n} \\ \vdots & \vdots & a_{ij} & \vdots \\ a_{m1} & a_{m2} & \cdots & a_{mn} \end{pmatrix}$$

これを (m, n) 行列，または $m \times n$ 行列と呼ぶ．

成分（並べた数）は a_{ij} のように，記号 a の添え字として，行番号，列番号の組を書く．これを，(i, j) 成分と呼ぶ．

行ベクトル $(a_{11}, a_{12}, \cdots, a_{1n})$ は，$1 \times n$ 行列である．また，列ベクトル $\begin{pmatrix} a_{11} \\ a_{21} \\ \vdots \\ a_{n2} \end{pmatrix}$ は，$n \times 1$ 行列である．零行列は，すべての成分が 0 の $m \times n$ 行列であり，O と記す．以下に，零行列の例を示す．

▍例

$$O = \begin{pmatrix} 0 & 0 & 0 & 0 \\ 0 & 0 & 0 & 0 \\ 0 & 0 & 0 & 0 \\ 0 & 0 & 0 & 0 \end{pmatrix}$$

正方行列は，$n \times n$ 行列のことである．すなわち，行と列の個数が一致する行列である．

46　第3章　行列

▌例

$$A = \begin{pmatrix} a_{11} & a_{12} & \cdots & a_{1n} \\ a_{21} & a_{22} & \cdots & a_{2n} \\ \vdots & \vdots & \ddots & \vdots \\ a_{n1} & a_{n2} & \cdots & a_{nn} \end{pmatrix}$$

　単位行列とは，$a_{11} = a_{22} = \cdots = a_{nn} = 1$ で，他の成分がすべて 0 の正方行列のことである．I, I_n などで表し，n 次単位行列と呼ぶ

▌例

$$I = I_3 = \begin{pmatrix} 1 & 0 & 0 \\ 0 & 1 & 0 \\ 0 & 0 & 1 \end{pmatrix}$$

3.1.2　行列の相等，和，差，スカラー倍

定義 3.1.1

2つの $m \times n$ 行列

$$A = \begin{pmatrix} a_{11} & a_{12} & \cdots & a_{1n} \\ a_{21} & a_{22} & \cdots & a_{2n} \\ \vdots & \vdots & \ddots & \vdots \\ a_{m1} & a_{m2} & \cdots & a_{mn} \end{pmatrix}, \quad B = \begin{pmatrix} b_{11} & b_{12} & \cdots & b_{1n} \\ b_{21} & b_{22} & \cdots & b_{2n} \\ \vdots & \vdots & \ddots & \vdots \\ b_{m1} & b_{m2} & \cdots & b_{mn} \end{pmatrix}$$

に対して，対応する成分がすべて等しいとき，2つの行列は等しいといい，$A = B$ と書く．すなわち，$a_{ij} = b_{ij} \, (1 \leq i \leq m, 1 \leq j \leq n)$ である．

定義 3.1.2

2つの $m \times n$ 行列

$$A = \begin{pmatrix} a_{11} & a_{12} & \cdots & a_{1n} \\ a_{21} & a_{22} & \cdots & a_{2n} \\ \vdots & \vdots & \ddots & \vdots \\ a_{m1} & a_{m2} & \cdots & a_{mn} \end{pmatrix}, \quad B = \begin{pmatrix} b_{11} & b_{12} & \cdots & b_{1n} \\ b_{21} & b_{22} & \cdots & b_{2n} \\ \vdots & \vdots & \ddots & \vdots \\ b_{m1} & b_{m2} & \cdots & b_{mn} \end{pmatrix}$$

に対して，A と B の和と差を以下のように定義する．

$$A + B = \begin{pmatrix} a_{11} + b_{11} & a_{12} + b_{12} & \cdots & a_{1n} + b_{1n} \\ a_{21} + b_{21} & a_{22} + b_{22} & \cdots & a_{2n} + b_{2n} \\ \vdots & \vdots & \ddots & \vdots \\ a_{m1} + b_{m1} & a_{m2} + b_{m2} & \cdots & a_{mn} + b_{mn} \end{pmatrix}$$

$$A - B = \begin{pmatrix} a_{11} - b_{11} & a_{12} - b_{12} & \cdots & a_{1n} - b_{1n} \\ a_{21} - b_{21} & a_{22} - b_{22} & \cdots & a_{2n} - b_{2n} \\ \vdots & \vdots & \ddots & \vdots \\ a_{m1} - b_{m1} & a_{m2} - b_{m2} & \cdots & a_{mn} - b_{mn} \end{pmatrix}$$

定義 3.1.3

$m \times n$ 行列

$$A = \begin{pmatrix} a_{11} & a_{12} & \cdots & a_{1n} \\ a_{21} & a_{22} & \cdots & a_{2n} \\ \vdots & \vdots & \ddots & \vdots \\ a_{m1} & a_{m2} & \cdots & a_{mn} \end{pmatrix}$$

と実数 k に対して，A の k 倍を以下のように定義する．

$$kA = \begin{pmatrix} ka_{11} & ka_{12} & \cdots & ka_{1n} \\ ka_{21} & ka_{22} & \cdots & ka_{2n} \\ \vdots & \vdots & \ddots & \vdots \\ ka_{m1} & ka_{m2} & \cdots & ka_{mn} \end{pmatrix}$$

3.1.3 行列空間

$m \times n$ 行列全体からなる集合を $M(m, n, \mathbb{R})$ と書くとき，$M(m, n, \mathbb{R})$ は先ほどの和とスカラー倍に関して，体 $\mathbb{R}$ 上のベクトル空間となる．すなわち，以下が成立する．

(VS1) $\forall A, B \in M(m, n, \mathbb{R})$ に対して $A + B = B + A$．

(VS2) $\forall A, B, C \in M(m, n, \mathbb{R})$ に対して $(A + B) + C = A + (B + C)$．

(VS3) 零行列が零元（加法の単位元）．

(VS4) $\forall A \in M(m, n, \mathbb{R})$ に対して $-A \in M(m, n, \mathbb{R})$ が逆元．

(VS5) $\forall A \in M(m, n, \mathbb{R})$ と $\alpha \in \mathbb{R}$ に対して $\alpha(A + B) = \alpha A + \alpha B$．

(VS6) $\forall A \in M(m, n, \mathbb{R})$ と $\alpha, \beta \in \mathbb{R}$ に対して $(\alpha + \beta)A = \alpha A + \beta A$．

(VS7) $\forall A \in M(m, n, \mathbb{R})$ と $\alpha, \beta \in \mathbb{R}$ に対して $(\alpha\beta)A = \alpha(\beta A)$．

(VS8) $\forall A \in M(m, n, \mathbb{R})$ に対して $1A = A$．

48 第3章 行列

　同様に，成分やスカラー倍を複素数に拡張することにより，複素行列が考えられるが，この $m \times n$ の複素行列全体からなる集合を $M(m, n, \mathbb{C})$ と書くと，$M(m, n, \mathbb{C})$ も和とスカラー倍に関して，体 $\mathbb{C}$ 上のベクトル空間となる．

3.1.4　行列の乗法

定義 3.1.4

$m \times s$ 行列 A と $s \times n$ 行列 B

$$
A = \begin{pmatrix} a_{11} & a_{12} & \cdots & a_{1s} \\ a_{21} & a_{22} & \cdots & a_{2s} \\ \vdots & \vdots & \ddots & \vdots \\ a_{m1} & a_{m2} & \cdots & a_{ms} \end{pmatrix}, \quad B = \begin{pmatrix} b_{11} & b_{12} & \cdots & b_{1n} \\ b_{21} & b_{22} & \cdots & b_{2n} \\ \vdots & \vdots & \ddots & \vdots \\ b_{s1} & b_{s2} & \cdots & b_{sn} \end{pmatrix}
$$

に対して積を以下のように定義する．

$$
A \times B = \begin{pmatrix} \sum_{i=1}^{s} a_{1i}b_{i1} & \sum_{i=1}^{s} a_{1i}b_{i2} & \cdots & \sum_{i=1}^{s} a_{1i}b_{in} \\ \sum_{i=1}^{s} a_{2i}b_{i1} & \sum_{i=1}^{s} a_{2i}b_{i2} & \cdots & \sum_{i=1}^{s} a_{2i}b_{in} \\ \vdots & \vdots & \ddots & \vdots \\ \sum_{i=1}^{s} a_{mi}b_{i1} & \sum_{i=1}^{s} a_{mi}b_{i2} & \cdots & \sum_{i=1}^{s} a_{mi}b_{in} \end{pmatrix}
$$

Remark

$$
\sum_{i=1}^{s} a_i = a_1 + a_2 + \cdots + a_i + \cdots + a_s
$$

$$
\sum_{i=1}^{s} a_{1i}b_{i1} = a_{11}b_{11} + a_{12}b_{21} + \cdots + a_{1i}b_{i1} + \cdots + a_{1s}b_{s1}
$$

3.1 行列の定義・行列の演算　49

💡 Remark

- 行列の積 $AB\ (= A \times B)$ が定義されるのは「A の列の数 $= B$ の行の数」のときだけである.

$$(m \times s\ \text{行列}) \times (s \times n\ \text{行列}) = m \times n\ \text{行列}$$

- 行列の乗法では，積 AB が計算可能であっても積 BA が計算可能であるとは限らない. さらに，AB, BA が計算可能であっても，交換法則 $AB = BA$ は一般には成立しない. $AB = BA$ が成り立つときは，A と B は可換（交換可能）であるという.
- $A \neq O, B \neq O, AB \neq O$ となる行列 A, B を零因子と呼ぶ.
- n 次単位行列 I と n 次正方行列 A の乗法においては交換法則が成り立つ. すなわち，

$$AI = IA = A$$

である.

行列の掛け算の例を以下に示す.

▌例

1. $\begin{pmatrix} 2 & -10 \\ -3 & 15 \end{pmatrix} \begin{pmatrix} 6 & 4 \\ 9 & 6 \end{pmatrix} = \begin{pmatrix} 2 \times 6 - 10 \times 9 & 2 \times 4 - 10 \times 6 \\ -3 \times 6 + 15 \times 9 & -3 \times 4 + 15 \times 6 \end{pmatrix}$

$\quad = \begin{pmatrix} -78 & -52 \\ 117 & 78 \end{pmatrix}$

2. $\begin{pmatrix} 6 & 4 \\ 9 & 6 \end{pmatrix} \begin{pmatrix} 2 & -10 \\ -3 & 15 \end{pmatrix} = \begin{pmatrix} 0 & 0 \\ 0 & 0 \end{pmatrix}$ 零因子

3. $\begin{pmatrix} 3 & 1 & 4 \\ 1 & 5 & 9 \end{pmatrix} \begin{pmatrix} 2 & 7 \\ 1 & 8 \\ 2 & 8 \end{pmatrix} = \begin{pmatrix} 15 & 61 \\ 25 & 119 \end{pmatrix}$ 　2×3 行列と 3×2 行列の積は 2×2 行列

4. $\begin{pmatrix} 2 & 7 \\ 1 & 8 \\ 2 & 8 \end{pmatrix} \begin{pmatrix} 3 & 1 & 4 \\ 1 & 5 & 9 \end{pmatrix} = \begin{pmatrix} 13 & 37 & 71 \\ 11 & 41 & 76 \\ 14 & 42 & 80 \end{pmatrix}$ 　3×2 行列と 2×3 行列の積は 3×3 行列

5. $\begin{pmatrix} 7 & -4 \\ -2 & 3 \end{pmatrix} \begin{pmatrix} 5 \\ 6 \end{pmatrix} = \begin{pmatrix} 11 \\ 8 \end{pmatrix}$ 　2×2 行列と 2×1 行列の積は 2×1 行列

6. $\begin{pmatrix} 1 & 2 & 3 \end{pmatrix} \begin{pmatrix} 1 & 4 & -3 \\ -2 & 0 & 1 \\ 0 & 2 & -5 \end{pmatrix} = \begin{pmatrix} -3 & 10 & -16 \end{pmatrix}$ 　1×3 行列と 3×3 行列の積は 1×3 行列

50　第3章　行列

この掛け算を行う Python のコードを以下に示す.

```
import sympy

A= sympy.Matrix([[2, -10], [-3, 15]])
B= sympy.Matrix([[6, 4], [9, 6]])
C= sympy.Matrix([[2, 7], [1, 8], [2, 8]])
D= sympy.Matrix([[3, 1, 4], [1, 5, 9]])

print(A*B)
print(C*D)
```

3.1.5　行列多元環

$n \times n$ 行列全体からなる集合を $M(n, n, \mathbb{R})$ の代わりに，$M(n, \mathbb{R})$ と書くとき，$M(n, \mathbb{R})$ は和とスカラー倍に関して，体 $\mathbb{R}$ 上のベクトル空間となるばかりではなく，積も定義されており，この積に関して以下の基本的な性質をもつことから，行列多元環と呼ばれる.

$M(n, \mathbb{R})$ における基本的な性質:

$$\forall A, B, C \in M(n, \mathbb{R}) \text{ に対して,}$$
$$(AB)C = A(BC)$$
$$(A + B)C = AC + BC$$
$$A(B + C) = AB + AC$$
$$\forall \alpha \in \mathbb{R}, \forall A, B \in M(n, R) \text{ に対して,}$$
$$(\alpha A)B = A(\alpha B) = \alpha(AB)$$

定義 3.1.5

正方行列の対角成分の和を行列 A の**対角和 (trace)** といい，trA と表す.

$$A = \begin{pmatrix} a_{11} & a_{12} & \cdots & a_{1n} \\ a_{21} & a_{22} & \cdots & a_{2n} \\ \vdots & \vdots & \ddots & \vdots \\ a_{n1} & a_{n2} & \cdots & a_{nn} \end{pmatrix}$$

のとき，$tr A = \sum_{i=1}^{n} a_{ii}$ である.

対角和については以下が成り立つ.

$\forall A, B \in M(n, \mathbb{R})$, $\alpha \in \mathbb{R}$ に対して,

$$tr(A+B) = trA + trB$$

$$tr(\alpha A) = \alpha\, trA$$

$$tr(AB) = tr(BA)$$

定義 3.1.6

2×2 行列 $A = \begin{pmatrix} a & b \\ c & d \end{pmatrix}$ に対して $ad - bc$ を行列 A の **行列式** (determinant) といい,$detA$ と表す.

行列式については以下が成り立つ.

$\forall A, B \in M(n, \mathbb{R})$, $\alpha \in \mathbb{R}$ に対して,

$$det(AB) = detA\, detB$$

$$det(\alpha A) = \alpha^2\, detA$$

定義 3.1.7

行列 A の行と列を入れ替えて得られる行列を行列 A の **転置行列** といい,${}^t A$ で表す.

$$A = \begin{pmatrix} a_{11} & a_{12} & \cdots & a_{1n} \\ a_{21} & a_{22} & \cdots & a_{2n} \\ \vdots & \vdots & \ddots & \vdots \\ a_{m1} & a_{m2} & \cdots & a_{mn} \end{pmatrix} \text{ のとき, } {}^t A = \begin{pmatrix} a_{11} & a_{21} & \cdots & a_{m1} \\ a_{12} & a_{22} & \cdots & a_{m2} \\ \vdots & \vdots & \ddots & \vdots \\ a_{1n} & a_{2n} & \cdots & a_{mn} \end{pmatrix}$$

▌例

$$A = \begin{pmatrix} 1 & 2 & 3 \\ 4 & 5 & 6 \end{pmatrix} \text{ のとき, } {}^t A = \begin{pmatrix} 1 & 4 \\ 2 & 5 \\ 3 & 6 \end{pmatrix}.$$

n 次行ベクトルの転置行列は n 次列ベクトルである.また,転置行列については以下が成り立つ.

$\forall A, B \in M(m, n, \mathbb{R})$, $\alpha \in \mathbb{R}$ に対して,

$${}^t(A+B) = {}^t A + {}^t B$$

$${}^t(\alpha A) = \alpha\, {}^t A$$

$${}^t({}^t A) = A$$

$\forall A \in M(m, s, \mathbb{R})$, $\forall B \in M(s, n, \mathbb{R})$ に対して,

$${}^t(AB) = {}^t B\, {}^t A$$

52　第 3 章　行列

> **定義 3.1.8**
> $a_{ij} = a_{ji}$ である n 次の正方行列を，n 次の**対称行列**という．対称行列に対して，$A = {}^t A$ が成り立つ．

例えば，

$$A = \begin{pmatrix} 1 & 4 & 6 \\ 4 & 5 & 8 \\ 6 & 8 & 9 \end{pmatrix}$$

のとき，

$${}^t A = \begin{pmatrix} 1 & 4 & 6 \\ 4 & 5 & 8 \\ 6 & 8 & 9 \end{pmatrix}$$

である．

上述の対角和，行列式，転置行列を求める Python のコードを以下に示す．

```
import sympy

A = sympy.Matrix([[1, 2], [3, 4]])

# 対角和
print("tr(A) =" + str(A.trace()))
# 行列式
print("det(A) =" + str(A.det()))
# 転置行列
print(A.transpose())
```

3.1.6　逆行列

n 次正方行列 A に対して $AX = XA = I$ を満たす n 次正方行列 X が存在するとき，X を A の**逆行列**といい，A^{-1} で表す．

> **例**

$A = \begin{pmatrix} 5 & 2 \\ 2 & 1 \end{pmatrix}$ のとき，

$$\begin{pmatrix} 5 & 2 \\ 2 & 1 \end{pmatrix}\begin{pmatrix} 1 & -2 \\ -2 & 5 \end{pmatrix} = \begin{pmatrix} 1 & 0 \\ 0 & 1 \end{pmatrix}, \quad \begin{pmatrix} 1 & -2 \\ -2 & 5 \end{pmatrix}\begin{pmatrix} 5 & 2 \\ 2 & 1 \end{pmatrix} = \begin{pmatrix} 1 & 0 \\ 0 & 1 \end{pmatrix}$$

となり，$A^{-1} = \begin{pmatrix} 1 & -2 \\ -2 & 5 \end{pmatrix}$ である．

行列 A に逆行列が存在するとき，行列 A は**正則行列（正則）**であるという．逆行列に関して，以下が成立する．

$$AA^{-1} = A^{-1}A = I$$
$$\left(A^{-1}\right)^{-1} = A$$
$$(AB)^{-1} = B^{-1}A^{-1}$$

命題 3.1.1

2×2 行列 $A = \begin{pmatrix} a & b \\ c & d \end{pmatrix}$ に対して，$detA = ab - bc \neq 0$ のとき，A は正則となり，その逆行列は，

$$A^{-1} = \frac{1}{detA} \begin{pmatrix} d & -b \\ -c & a \end{pmatrix}$$

である．

例

2×2 行列 $A = \begin{pmatrix} 5 & 2 \\ 2 & 1 \end{pmatrix}$ に対して，$detA = 5 \cdot 1 - 2 \cdot 2 = 5 - 4 = 1 \neq 0$ なので，A は正則である．逆行列は，

$$A^{-1} = \frac{1}{1} \begin{pmatrix} 1 & -2 \\ -2 & 5 \end{pmatrix} = \begin{pmatrix} 1 & -2 \\ -2 & 5 \end{pmatrix}$$

となる．

この逆行列を求める Python のコードを以下に示す．

```
import sympy

A = sympy.Matrix([[5, 2], [2, 1]])

# 逆行列
print(A.inv())
```

54   第 3 章　行列

▍例題

$$A = \begin{pmatrix} 2 & 3 & 4 \\ -4 & 1 & 0 \\ -3 & 6 & 2 \end{pmatrix}, \quad B = \begin{pmatrix} 1 & 3 \\ 7 & 2 \\ -5 & 0 \end{pmatrix} \text{のとき,}$$

(1) AB を求めよ.

(2) BA を求めよ.

囲解

(1)

$$AB = \begin{pmatrix} 2+21-20 & 6+6+0 \\ -4+7+0 & -12+2+0 \\ -3+42-10 & -9+12+0 \end{pmatrix} = \begin{pmatrix} 3 & 12 \\ 3 & -10 \\ 29 & 3 \end{pmatrix}$$

(2) BA は計算できない.

▍例題

$$A = \begin{pmatrix} 2 & 1 & 3 \\ 4 & 0 & 1 \\ 1 & -1 & 6 \end{pmatrix}, \quad B = \begin{pmatrix} 3 & 5 & -2 \\ -2 & 1 & 0 \\ 6 & 3 & 1 \end{pmatrix}$$

(1) $A+B, A-B$ を求めよ.

(2) $2X + 5A = 3B$ となる行列 X を求めよ.

囲解

(1)

$$A + B = \begin{pmatrix} 5 & 6 & 1 \\ 2 & 1 & 1 \\ 7 & 2 & 7 \end{pmatrix}, \quad A - B = \begin{pmatrix} -1 & -4 & 5 \\ 6 & -1 & 1 \\ -5 & -4 & 5 \end{pmatrix}$$

(2)

$$X = \frac{1}{2}(3B - 5A) = \begin{pmatrix} -0.5 & 5 & -10.5 \\ -13 & 1.5 & -2.5 \\ 6.5 & 7 & 13.5 \end{pmatrix}$$

▍例題

$A = \begin{pmatrix} 5 & 2 \\ 2 & 1 \end{pmatrix}$ のとき, 定義に従い逆行列を求めよ.

$\boxed{\text{解}}$

行列 A の逆行列 X を $X = \begin{pmatrix} x_{11} & x_{12} \\ x_{21} & x_{22} \end{pmatrix}$ とする．逆行列の定義 $AX = I$ から，

$$\begin{pmatrix} 5 & 2 \\ 2 & 1 \end{pmatrix} \begin{pmatrix} x_{11} & x_{12} \\ x_{21} & x_{22} \end{pmatrix} = \begin{pmatrix} 1 & 0 \\ 0 & 1 \end{pmatrix}.$$

よって，

$$\begin{pmatrix} 5x_{11} + 2x_{21} & 5x_{12} + 2x_{22} \\ 2x_{11} + x_{21} & 2x_{12} + x_{22} \end{pmatrix} = \begin{pmatrix} 1 & 0 \\ 0 & 1 \end{pmatrix}$$

となる．各成分を見比べて，以下の連立方程式を得る．

$$\begin{cases} 5x_{11} + 2x_{21} = 1 \\ 2x_{11} + x_{21} = 0 \end{cases} \qquad \begin{cases} 5x_{12} + 2x_{22} = 0 \\ 2x_{12} + x_{22} = 1 \end{cases}$$

これを解くと，$x_{11} = 1$, $x_{12} = -2$, $x_{21} = -2$, $x_{22} = 5$. したがって，逆行列は，

$$X = \begin{pmatrix} 1 & -2 \\ -2 & 5 \end{pmatrix}$$

となる．

56   第 3 章　行列

確認問題 3.1

1. 以下の問いに答えよ.

(1)
$$A = \begin{pmatrix} 1 & 2 & 3 & 4 & 5 \\ 6 & 7 & 8 & 9 & 10 \\ 11 & 12 & 13 & 14 & 15 \\ 16 & 17 & 18 & 19 & 20 \end{pmatrix}$$ とするとき, A は何行何列の行列か答えよ.

(2) (1) の行列 A の (4,2) 成分は何か答えよ.

(3) 零行列とは何か簡単に説明せよ. また, その例を 1 つ示せ.

(4) 正方行列とは何か簡単に説明せよ. また, その例を 1 つ示せ.

(5) 単位行列とは何か簡単に説明せよ. また, その例を 1 つ示せ.

(6) $M(3, 2, \mathbb{R})$ とは何か簡単に説明せよ.

(7) $M(2, \mathbb{R})$ とは何か簡単に説明せよ.

(8) 対称行列とは何か簡単に説明せよ.

(9) 逆行列とは何か簡単に説明せよ.

(10) 正則行列とは何か簡単に説明せよ.

2. 以下を計算せよ.

(1) $\begin{pmatrix} 2 & -10 \\ -3 & 15 \end{pmatrix} \begin{pmatrix} 6 & 4 \\ 9 & 6 \end{pmatrix}$

(2) $\begin{pmatrix} 6 & 4 \\ 9 & 6 \end{pmatrix} \begin{pmatrix} 2 & -10 \\ -3 & 15 \end{pmatrix}$

(3) $\begin{pmatrix} 3 & 1 & 4 \\ 1 & 5 & 9 \end{pmatrix} \begin{pmatrix} 2 & 7 \\ 1 & 8 \\ 2 & 8 \end{pmatrix}$

(4) $\begin{pmatrix} 2 & 7 \\ 1 & 8 \\ 2 & 8 \end{pmatrix} \begin{pmatrix} 3 & 1 & 4 \\ 1 & 5 & 9 \end{pmatrix}$

(5) $\begin{pmatrix} 7 & -4 \\ -2 & 3 \end{pmatrix} \begin{pmatrix} 5 \\ 6 \end{pmatrix}$

(6) $\begin{pmatrix} 1 & 2 & 3 \end{pmatrix} \begin{pmatrix} 1 & 4 & -3 \\ -2 & 0 & 1 \\ 0 & 2 & -5 \end{pmatrix}$

3. 以下を計算せよ.

(1) $\begin{pmatrix} 1 & 2 \\ 3 & 4 \end{pmatrix} \begin{pmatrix} 2 \\ 1 \end{pmatrix}$

(2) $\begin{pmatrix} 1 & 2 \\ 3 & 4 \end{pmatrix} \begin{pmatrix} 1 & 1 \\ 0 & 2 \end{pmatrix}$

(3) $\begin{pmatrix} a & 0 \\ 0 & b \end{pmatrix}^5$

(4) $\begin{pmatrix} 1 & 1 & 0 \\ 0 & 1 & 2 \\ 0 & 0 & 1 \end{pmatrix} \begin{pmatrix} 1 \\ 2 \\ 1 \end{pmatrix}$

(5) $\begin{pmatrix} 1 & 1 & 0 \\ 0 & 1 & 2 \\ 0 & 0 & 1 \end{pmatrix} \begin{pmatrix} 1 & 1 & 3 \\ 2 & 1 & 2 \\ 3 & 1 & 1 \end{pmatrix}$

58   第 3 章　行列

4. $A = \begin{pmatrix} 1 & 2 \\ 3 & 4 \end{pmatrix}$ に対して，$trA, \, detA, \, A^{-1}, \, {}^tA$ を求めよ．

5. 次の行列 A, B に対して A^n, B^n を予想せよ．（このような行列はジョルダン標準形と呼ばれる．）

$$A = \begin{pmatrix} \lambda & 1 \\ 0 & \lambda \end{pmatrix}, \quad B = \begin{pmatrix} \lambda & 1 & 0 \\ 0 & \lambda & 1 \\ 0 & 0 & \lambda \end{pmatrix}$$

3.2 行列の基本変形・行列の階数，逆行列，連立一次方程式の解の基本変形による計算

3.2.1 行列の基本変形

任意の $m \times n$ 行列

$$A = \begin{pmatrix} a_{11} & a_{12} & \cdots & a_{1n} \\ a_{21} & a_{22} & \cdots & a_{2n} \\ \vdots & \vdots & \ddots & \vdots \\ a_{m1} & a_{m2} & \cdots & a_{mn} \end{pmatrix}$$

に次の 3 種類の操作を施すことを，**行に関する基本変形**を行うという．

1) 任意の 2 つの行を入れ替える．

2) 任意の 1 つの行の成分をすべて $\alpha(\neq 0)$ 倍する．

3) ある行を α 倍して他の行に加える．

前述の行に関する基本変形 1)～3) において「行」を「列」で置き換えて得られる次の 3 種類の操作を施すことを**列に関する基本変形**を行うという．

1) 任意の 2 つの列を入れ替える．

2) 任意の 1 つの列の成分をすべて $\alpha(\neq 0)$ 倍する．

3) ある列を α 倍して他の列に加える．

行列の基本変形をうまく利用することで，以下のことが可能となる．

1) 行列の階数を求めることができる．

2) 正則行列の逆行列を求めることができる．

💡 Remark

2×2 行列の逆行列は，行列の基本変形を用いなくても簡単に計算できたが，3×3 行列や 4×4 行列などの逆行列を求める際はこれを利用する．

---

3) 以下の連立一次方程式を行列を利用して解くことができる．

$$\begin{cases} a_{11}x_1 + a_{12}x_2 + \cdots + a_{1n}x_n = b_1 \\ a_{21}x_1 + a_{22}x_2 + \cdots + a_{2n}x_n = b_2 \\ \qquad\qquad \vdots \\ a_{n1}x_1 + a_{n2}x_2 + \cdots + a_{nn}x_n = b_n \end{cases}$$

3.2.2 基本行列

n 次単位行列に基本変形を一度だけ施して得られる行列を，その基本変形の基本行列という．基本行列は，以下に示す T_{ij}, $M_i(\alpha)$, A_{ij} の 3 種類である．

1) 単位行列 I の i 行と j 行 $(i \neq j)$ とを交換して得られる行列 T_{ij}

$$
T_{ij} = \begin{pmatrix} 1 & & & & & & & \\ & \ddots & & & & & & \\ & & 1 & & & (i,j)\,\text{成分} & & \\ & & & 0 & \cdots & 1 & & \\ & & & \vdots & \ddots & \vdots & & \\ & & & 1 & \cdots & 0 & & \\ & & (j,i)\,\text{成分} & & & 1 & & \\ & & & & & & \ddots & \\ & & & & & & & 1 \end{pmatrix} \begin{matrix} \\ \\ \\ i\,\text{行} \\ \\ j\,\text{行} \\ \\ \\ \end{matrix}
$$

2) 単位行列 I の i 行を $\alpha(\neq 0)$ 倍して得られる行列 $M_i(\alpha)$

$$
M_i(\alpha) = \begin{pmatrix} 1 & & & & & \\ & \ddots & & & & \\ & & 1 & (i,i)\,\text{成分} & & \\ & & \alpha & & & \\ & & & 1 & & \\ & & & & \ddots & \\ & & & & & 1 \end{pmatrix} \begin{matrix} \\ \\ \\ i\,\text{行} \times \alpha \\ \\ \\ \end{matrix}
$$

3) 単位行列 I の i 行の α 倍を j 行 $(i \neq j)$ に加えた行列 $A_{ij}(\alpha)$

$$
A_{ij} = \begin{pmatrix} 1 & & & & & \\ & \ddots & & & & \\ & & 1 & & & \\ & & \vdots & \ddots & & \\ & & \alpha & \cdots & 1 & \\ & & (j,i)\,\text{成分} & & \ddots & \\ & & & & & 1 \end{pmatrix} \begin{matrix} \\ \\ i\,\text{行} \\ \\ j\,\text{行} \\ \\ \end{matrix}
$$

基本行列はすべて正則で，実際，それぞれの逆行列は以下のようになる．

$$
T_{ij}^{-1} = T_{ij}, \ M_i(\alpha)^{-1} = M_i\left(\frac{1}{\alpha}\right), \ A_{ij}(\alpha)^{-1} = A_{ij}(-\alpha)
$$

したがって，基本行列の積も正則となる．つまり，基本行列をいくつか掛けたものは，正則であり，その逆行列もすぐに求めることができる．

3.2.3 基本行列による行列の基本変形

$m \times n$ 行列 A に対して，行に関する基本変形を行って得られる行列は，A の左から m 次の基本行列を掛けることによって得られる．すなわち，

1) A の i 行と $j(\neq i)$ 行を入れ替えた行列 $= T_{ij}A$
2) A の i 行の各成分を $\alpha(\neq 0)$ 倍した行列 $= M_i(\alpha)A$
3) A の i 行を α 倍して $j(\neq i)$ 行に加えた行列 $= A_{ij}(\alpha)A$

このことから行に関する基本変形は左基本変形とも呼ばれる．

$m \times n$ 行列 A に対して，列に関する基本変形を行って得られる行列は，A の右から n 次の基本行列を掛けることによって得られる．すなわち，

1) A の i 列と $j(\neq i)$ 列を入れ替えた行列 $= AT_{ij}$
2) A の i 列の各成分を $\alpha(\neq 0)$ 倍した行列 $= AM_i(\alpha)$
3) A の i 列を α 倍して $j(\neq i)$ 列に加えた行列 $= AA_{ji}(\alpha)$

このことから列に関する基本変形は右基本変形とも呼ばれる．

基本行列による基本変形の例を以下に示す．

┃例

$$T_{23}A = \begin{pmatrix} 1 & 0 & 0 \\ 0 & 0 & 1 \\ 0 & 1 & 0 \end{pmatrix} \begin{pmatrix} a_1 & b_1 & c_1 \\ a_2 & b_2 & c_2 \\ a_3 & b_3 & c_3 \end{pmatrix} = \begin{pmatrix} a_1 & b_1 & c_1 \\ a_3 & b_3 & c_3 \\ a_2 & b_2 & c_2 \end{pmatrix}$$

$$M_3(\alpha)A = \begin{pmatrix} 1 & 0 & 0 \\ 0 & 1 & 0 \\ 0 & 0 & \alpha \end{pmatrix} \begin{pmatrix} a_1 & b_1 & c_1 \\ a_2 & b_2 & c_2 \\ a_3 & b_3 & c_3 \end{pmatrix} = \begin{pmatrix} a_1 & b_1 & c_1 \\ a_2 & b_2 & c_2 \\ \alpha a_3 & \alpha b_3 & \alpha c_3 \end{pmatrix}$$

$$A_{31}(\alpha)A = \begin{pmatrix} 1 & 0 & \alpha \\ 0 & 1 & 0 \\ 0 & 0 & 1 \end{pmatrix} \begin{pmatrix} a_1 & b_1 & c_1 \\ a_2 & b_2 & c_2 \\ a_3 & b_3 & c_3 \end{pmatrix} = \begin{pmatrix} a_1 + \alpha a_3 & b_1 + \alpha b_3 & c_1 + \alpha c_3 \\ a_2 & b_2 & c_2 \\ a_3 & b_3 & c_3 \end{pmatrix}$$

3.2.4 基本変形に関する主張

> **定理 3.2.1**
>
> 任意の $m \times n$ 行列 A は，行に関する基本変形と列に関する基本変形を組み合わせて，何回か続けて行うことにより，以下の形に変形できる
>
> $$\left(\begin{array}{c|c} I_r & O_{r,n-r} \\ \hline O_{m-r,r} & O_{m-r,n-r} \end{array} \right)$$
>
> ここで，I_r は r 次の単位行列，$O_{i,j}$ は $i \times j$ 型の零行列である．

Remark

行に関する基本変形だけ，あるいは，列に関する基本変形だけでは，一般的には定理 3.2.1 内の形の行列に変形することはできない．行に関する基本変形と列に関する基本変形の両方を組み合わせることがポイントである．

系 3.2.2

任意の $m \times n$ 行列 A に対して，m 次正則行列 P と n 次正則行列 Q を適当にとれば，以下の等式が成立する．
$$PAQ = \begin{pmatrix} I_r & O_{r,n-r} \\ O_{m-r,r} & O_{m-r,n-r} \end{pmatrix}$$

Remark

ここでの「適当に」は「うまく」という意味である．「いい加減に」という意味ではない．

3.2.5 行列の階数（ランク）

定義 3.2.1

任意の $m \times n$ 行列 A に対して，A が以下のように変形されるとき，
$$PAQ = \begin{pmatrix} I_r & O_{r,n-r} \\ O_{m-r,r} & O_{m-r,n-r} \end{pmatrix}$$
r を A の **階数** (rank)，あるいはランクと呼び，$\mathrm{rank}A$ で表す．すなわち，$\mathrm{rank}A = r$ である．

Remark

行列 A の階数を求めよといわれたら，行と列に関する基本変形を行い，定理 3.2.1 内の形の行列に変形し，r（1 が並んでいる個数）を求めればよい．

基本変形を行い，階数を求める例を以下に示す．

3.2 行列の基本変形・行列の階数，逆行列，連立一次方程式の解の基本変形による計算 **63**

▌例題

$$A = \begin{pmatrix} 1 & -1 & 1 & -2 \\ 0 & 1 & 0 & 6 \\ 0 & 0 & -2 & 8 \end{pmatrix} \text{ の階数を求めよ.}$$

解

1列の1倍を2列に加え，

$$A A_{21}(1) = \begin{pmatrix} 1 & 0 & 1 & -2 \\ 0 & 1 & 0 & 6 \\ 0 & 0 & -2 & 8 \end{pmatrix}$$

とする．次に，1列の -1 倍を3列に加え，

$$A A_{21}(1) A_{31}(-1) = \begin{pmatrix} 1 & 0 & 0 & -2 \\ 0 & 1 & 0 & 6 \\ 0 & 0 & -2 & 8 \end{pmatrix}$$

とする．1列の2倍を4列に加え，

$$A A_{21}(1) A_{31}(-1) A_{41}(2) = \begin{pmatrix} 1 & 0 & 0 & 0 \\ 0 & 1 & 0 & 6 \\ 0 & 0 & -2 & 8 \end{pmatrix}$$

とする．2列の -6 倍を4列に加え，

$$A A_{21}(1) A_{31}(-1) A_{41}(2) A_{42}(-6) = \begin{pmatrix} 1 & 0 & 0 & 0 \\ 0 & 1 & 0 & 0 \\ 0 & 0 & -2 & 8 \end{pmatrix}$$

とする．3行を $-1/2$ 倍し，

$$M_3\left(-\frac{1}{2}\right) A A_{21}(1) A_{31}(-1) A_{41}(2) A_{42}(-6) = \begin{pmatrix} 1 & 0 & 0 & 0 \\ 0 & 1 & 0 & 0 \\ 0 & 0 & 1 & -4 \end{pmatrix}$$

となる．3列の4倍を4列に加えると，

$$M_3\left(-\frac{1}{2}\right) A A_{21}(1) A_{31}(-1) A_{41}(2) A_{42}(-6) A_{43}(4) = \left(\begin{array}{ccc:c} 1 & 0 & 0 & 0 \\ 0 & 1 & 0 & 0 \\ 0 & 0 & 1 & 0 \end{array}\right)$$

となる．したがって，$P = M_3(-1/2)$，$Q = A A_{21}(1) A_{31}(-1) A_{41}(2) A_{42}(-6) A_{43}(4)$ ととることで，A は系 3.2.2 の形に書け，$\mathrm{rank}\, A = 3$ である.

64   第 3 章　行列

┃例題

$$B = \begin{pmatrix} 1 & 9 & -12 & -13 \\ 0 & -2 & 4 & 2 \\ 0 & 0 & 0 & 0 \end{pmatrix} \ \text{の階数を求めよ.}$$

|解|

　1 列の -9 倍, 12 倍, 13 倍を, それぞれ 2 列, 3 列, 4 列に加え,

$$BA_{21}(-9)A_{31}(12)A_{41}(13) = \begin{pmatrix} 1 & 0 & 0 & 0 \\ 0 & -2 & 4 & 2 \\ 0 & 0 & 0 & 0 \end{pmatrix}$$

とする. 2 行を $-1/2$ 倍し,

$$M_2\left(-\frac{1}{2}\right)BA_{21}(-9)A_{31}(12)A_{41}(13) = \begin{pmatrix} 1 & 0 & 0 & 0 \\ 0 & 1 & -2 & -1 \\ 0 & 0 & 0 & 0 \end{pmatrix}$$

となる. 2 列の 2 倍, 1 倍を, それぞれ 3 列, 4 列に加え,

$$M_2\left(-\frac{1}{2}\right)BA_{21}(-9)A_{31}(12)A_{41}(13)A_{32}(2)A_{42}(1) = \left(\begin{array}{cc:cc} 1 & 0 & 0 & 0 \\ 0 & 1 & 0 & 0 \\ \hdashline 0 & 0 & 0 & 0 \end{array}\right)$$

となる. したがって, $\mathrm{rank}B = 2$ である.

　階数を求める Python のコードを以下に示す.

```
import sympy

A = sympy.Matrix([[3, 2], [3, 4]])

print(A.rank())
```

```
import sympy

B = sympy.Matrix([[1, 2, 3], [2, -3, -1], [2, 1, 3]])

print(B.rank())
```

3.2 行列の基本変形・行列の階数，逆行列，連立一次方程式の解の基本変形による計算 65

3.2.6 逆行列の求め方

> **定理 3.2.3**
> 任意の正則行列 A は，行に関する基本変形のみ（または列に関する基本変形のみ）を，何回か続けて行うことにより，単位行列に変形できる．すなわち，適当に基本行列 $P_1, P_2, \cdots, P_k$ を選べば，$P_k \cdots P_2 P_1 A = I$（または $A P_1 P_2 \cdots P_k = I$）が成り立つ．

実際に逆行列を計算する際には，A が n 次正則行列であれば，A と $I_n (= I)$ を横に並べて $n \times 2n$ 行列 $\left(A \mid I \right)$ を作る．n 次基本行列 P_1 に対して，P_1 は基本行列なので，行と行を入れ替えるなど，その操作内容を考えると，$P_1 \left(A \mid I \right) = \left(P_1 A \mid P_1 I \right)$ となる．したがって，

$$P_k \cdots P_2 P_1 \left(A \mid I \right) = \left(P_k \cdots P_2 P_1 A \mid P_k \cdots P_2 P_1 I \right) = \left(I \mid A^{-1} \right)$$

このことは，行列 $\left(A \mid I \right)$ に対して行に関する基本変形を行って $\left(I \mid B \right)$ の形になったとき，B が求める A^{-1} であることを示している．

❙例題

$$A = \begin{pmatrix} 0 & 1 & 2 \\ -1 & 3 & 0 \\ 1 & -2 & 1 \end{pmatrix}$$ の逆行列を求めよ．

解

A は 3×3 行列なので，I_3 を横に並べて 3×6 行列を作る．

$$\left(\begin{array}{ccc|ccc} 0 & 1 & 2 & 1 & 0 & 0 \\ -1 & 3 & 0 & 0 & 1 & 0 \\ 1 & -2 & 1 & 0 & 0 & 1 \end{array} \right)$$

1 行と 3 行を入れ替え，

$$\left(\begin{array}{ccc|ccc} 1 & -2 & 1 & 0 & 0 & 1 \\ -1 & 3 & 0 & 0 & 1 & 0 \\ 0 & 1 & 2 & 1 & 0 & 0 \end{array} \right)$$

1 行の 1 倍を 2 行に加える．

$$\left(\begin{array}{ccc|ccc} 1 & -2 & 1 & 0 & 0 & 1 \\ 0 & 1 & 1 & 0 & 1 & 1 \\ 0 & 1 & 2 & 1 & 0 & 0 \end{array} \right)$$

2 行の 2 倍と -1 倍を，それぞれ 1 行と 3 行に加える．

$$\left(\begin{array}{ccc|ccc} 1 & 0 & 3 & 0 & 2 & 3 \\ 0 & 1 & 1 & 0 & 1 & 1 \\ 0 & 0 & 1 & 1 & -1 & -1 \end{array} \right)$$

3 行の -3 倍と -1 倍を，それぞれ 1 行と 2 行に加える．

$$\begin{pmatrix} 1 & 0 & 0 & | & -3 & 5 & 6 \\ 0 & 1 & 0 & | & -1 & 2 & 2 \\ 0 & 0 & 1 & | & 1 & -1 & -1 \end{pmatrix}$$

よって

$$A^{-1} = \begin{pmatrix} -3 & 5 & 6 \\ -1 & 2 & 2 \\ 1 & -1 & -1 \end{pmatrix}$$

となる．

----- Remark -----

行の変形だけでやること．列の変形は使用しない．

3.2.7 連立一次方程式の解法

連立一次方程式

$$\begin{cases} a_{11}x_1 + a_{12}x_2 + \cdots + a_{1n}x_n = b_1 \\ a_{21}x_1 + a_{22}x_2 + \cdots + a_{2n}x_n = b_2 \\ \quad\quad\quad\quad\quad\quad \vdots \\ a_{n1}x_1 + a_{n2}x_2 + \cdots + a_{nn}x_n = b_n \end{cases}$$

の係数行列，解ベクトル，定ベクトルをそれぞれ，

$$A = \begin{pmatrix} a_{11} & a_{12} & \cdots & a_{1n} \\ a_{21} & a_{22} & \cdots & a_{2n} \\ \vdots & \vdots & \ddots & \vdots \\ a_{n1} & a_{n2} & \cdots & a_{nn} \end{pmatrix}, \quad \boldsymbol{x} = \begin{pmatrix} x_1 \\ x_2 \\ \vdots \\ x_n \end{pmatrix}, \quad \boldsymbol{b} = \begin{pmatrix} b_1 \\ b_2 \\ \vdots \\ b_n \end{pmatrix}$$

で表せば，この連立一次方程式は $A\boldsymbol{x} = \boldsymbol{b}$ と書ける．このとき A が正則ならば，$A\boldsymbol{x} = \boldsymbol{b}$ の両辺に A^{-1} を掛けて，$\boldsymbol{x} = A^{-1}\boldsymbol{b}$ が解となる．また，次の解法も便利である．

係数行列 A と定ベクトル $\boldsymbol{b}$ をひとまとめにして

$$\begin{pmatrix} A & | & \boldsymbol{b} \end{pmatrix}$$

と書き，これに行に関する基本変形を行って，

$$\begin{pmatrix} I & | & \boldsymbol{c} \end{pmatrix}$$

の形にする．このとき，$\boldsymbol{c}$ が求める解ベクトルになっている．

3.2 行列の基本変形・行列の階数，逆行列，連立一次方程式の解の基本変形による計算　67

▌例題

$$\begin{cases} x - y + 2z = -3 \\ 2x + y + 3z = 1 \\ x - 2y - z = -2 \end{cases} \quad \text{の解を求めよ.}$$

解

係数行列と定ベクトルをひとまとめにして，次の行列を作り変形する.

$$\begin{pmatrix} 1 & -1 & 2 & \vdots & -3 \\ 2 & 1 & 3 & \vdots & 1 \\ 1 & -2 & -1 & \vdots & -2 \end{pmatrix} \xrightarrow[\text{を 2 行と 3 行に加える}]{\text{1 行の } -2 \text{ 倍と } -1 \text{ 倍}} \begin{pmatrix} 1 & -1 & 2 & \vdots & -3 \\ 0 & 3 & -1 & \vdots & 7 \\ 0 & -1 & -3 & \vdots & 1 \end{pmatrix} \xrightarrow[\text{え，2 行を } -1 \text{ 倍}]{\text{2 行と 3 行を入れ替}}$$

$$\begin{pmatrix} 1 & -1 & 2 & \vdots & -3 \\ 0 & 1 & 3 & \vdots & -1 \\ 0 & 3 & -1 & \vdots & 7 \end{pmatrix} \xrightarrow[\text{1 行と 3 行に加える}]{\text{2 行の 1 倍と } -3 \text{ 倍を}} \begin{pmatrix} 1 & 0 & 5 & \vdots & -4 \\ 0 & 1 & 3 & \vdots & -1 \\ 0 & 0 & -10 & \vdots & 10 \end{pmatrix} \xrightarrow[]{\text{3 行を } -1/10 \text{ 倍}}$$

$$\begin{pmatrix} 1 & 0 & 5 & \vdots & -4 \\ 0 & 1 & 3 & \vdots & -1 \\ 0 & 0 & 1 & \vdots & -1 \end{pmatrix} \xrightarrow[\text{1 行と 2 行に加える}]{\text{3 行の } -5 \text{ 倍と } -3 \text{ 倍を}} \begin{pmatrix} 1 & 0 & 0 & \vdots & 1 \\ 0 & 1 & 0 & \vdots & 2 \\ 0 & 0 & 1 & \vdots & -1 \end{pmatrix}$$

よって，$x = 1, y = 2, z = -1$ となる．行の変形だけで行い，列の変形は使用しない.

68   第3章 行列

確認問題 3.2

1. 次の問いに答えよ.
   (1) 行列の行に関する基本変形とは,行列の行にどのような操作をすることか.3つ答え
      なさい.
      1)
      2)
      3)

   (2) 行列の基本変形を使うと何ができるのか.3つ答えなさい.
      1)
      2)
      3)

   (3) 行列の階数の基本変形を用いた求め方を簡単に説明しなさい.また,このときの注意
      点を挙げよ.

   (4) n 次正則行列の逆行列の基本変形を用いた求め方を簡単に説明しなさい.また,この
      ときの注意点を挙げよ.

   (5) 連立一次方程式の基本変形を用いた解法を簡単に説明しなさい.また,このときの注
      意点を挙げよ.

2. 次の行列の階数を求めよ.

(1)
$$A = \begin{pmatrix} 3 & 2 \\ 3 & 4 \end{pmatrix}$$

(2)
$$B = \begin{pmatrix} 1 & 2 & 3 \\ 2 & -3 & -1 \\ 2 & 1 & 3 \end{pmatrix}$$

70   第 3 章　行列

3.

$$A = \begin{pmatrix} 1 & 2 & 3 \\ 0 & 1 & 2 \\ 0 & 0 & 1 \end{pmatrix}$$ に対して，A^{-1} を求めよ．

4. 次の連立一次方程式を行列の基本変形を利用して解け．

$$\begin{cases} 2x + 3y + z = 1 \\ -3x + 2y + 2z = -1 \\ 5x + y - 3z = -2 \end{cases}$$

3.3 n 次正方行列の行列式の定義・行列式の性質

3.3.1 行列式の拡張に向けて

2×2 行列 $A = \begin{pmatrix} a & b \\ c & d \end{pmatrix}$ に対して $ad - bc$ を行列 A の行列式といい，$detA$ で表した．この 2×2 行列の行列式については以下が成り立っていた．

$$\forall A, B = M(n, \mathbb{R}), \alpha \in \mathbb{R} \text{ に対して,}$$
$$det(AB) = detA\,detB$$
$$det(\alpha A) = \alpha^2 \, detA$$

それでは，2×2 行列以外の 3×3 行列や 4×4 行列，一般の n 次正方行列に対して行列式をどのように定義すべきだろうか．実は，n 次正方行列 A の行列式を 2×2 行列の場合と同様に，$detA$, $|A|$ のような記号で表すことにすると，3×3 行列の行列式は次のようになる．

$A = \begin{pmatrix} a_1 & b_1 & c_1 \\ a_2 & b_2 & c_2 \\ a_3 & b_3 & c_3 \end{pmatrix}$ に対して，

$$detA = \begin{vmatrix} a_1 & b_1 & c_1 \\ a_2 & b_2 & c_2 \\ a_3 & b_3 & c_3 \end{vmatrix} = a_1 b_2 c_3 + a_2 b_3 c_1 + a_3 b_1 c_2 - a_1 b_3 c_2 - a_2 b_1 c_3 - a_3 b_2 c_1$$

▌例題

次の行列式を求めよ．

(1) $\begin{vmatrix} 3 & -4 \\ 1 & 2 \end{vmatrix}$ 　　(2) $\begin{vmatrix} x & 2 & 6 \\ y & 3 & 4 \\ z & 1 & 5 \end{vmatrix}$ 　　(3) $\begin{vmatrix} 2 & x & 6 \\ 3 & y & 4 \\ 1 & z & 5 \end{vmatrix}$

解

(1) $\begin{vmatrix} 3 & -4 \\ 1 & 2 \end{vmatrix} = 3 \times 2 - 1 \times (-4) = 6 + 4 = 10$

(2) $\begin{vmatrix} x & 2 & 6 \\ y & 3 & 4 \\ z & 1 & 5 \end{vmatrix} = x \cdot 3 \cdot 5 + 6 \cdot y \cdot 1 + 4 \cdot 2 \cdot z - z \cdot 3 \cdot 6 - x \cdot 1 \cdot 4 - 2 \cdot y \cdot 5$

$$= 11x - 4y - 10z$$

(3) $\begin{vmatrix} 2 & x & 6 \\ 3 & y & 4 \\ 1 & z & 5 \end{vmatrix} = 2 \cdot y \cdot 5 + 6 \cdot 3 \cdot z + 4 \cdot x \cdot 1 - 1 \cdot y \cdot 6 - 2 \cdot z \cdot 4 - x \cdot 3 \cdot 5$

$= -11x + 4y + 10z = -(11x - 4y - 10z)$

3.3.2 n 次正方行列の行列式の定義に向けて

> **定義 3.3.1**
> n 個の数 $1, 2, \cdots, n$ を 1 列に並べたものを順列といい，$(p_1, p_2, \cdots, p_n)$ のように表す．

ここで，各 p_i は 1 から n までのいずれかの数字で，$i \neq j$ ならば $p_i \neq p_j$ である．数の並び方がまったく同じとき，2 つの順列は等しいという．このとき，異なる順列の個数は $n!$ 個である．

例

$n = 2$ の場合：異なる順列の個数は $2! = 2$ 個で，それらは，(1,2), (2,1) である．

$n = 3$ の場合：異なる順列の個数は $3! = 6$ 個で，それらは，(1,2,3), (1,3,2), (2,1,3), (2,3,1), (3,1,2), (3,2,1) である．

> **定義 3.3.2**
> 順列 $(p_1, p_2, \cdots, p_n)$ において，$i < j$ かつ $p_i > p_j$ を満たす (p_i, p_j) の組の個数を，この順列の転倒数という．

例

(3,1,4,2) の場合，上記条件を満たす数の組は，(3,1),(3,2),(4,2) の 3 個なので，順列 (3,1,4,2) の転倒数は 3 となる．

$n = 2$ の場合：順列 (1,2) の転倒数は 0，順列 (2,1) の転倒数は 1．

$n = 3$ の場合：順列 (1,2,3) の転倒数は 0，順列 (1,3,2) の転倒数は 1，順列 (2,1,3) の転倒数は 1，順列 (2,3,1) の転倒数は 2，順列 (3,1,2) の転倒数は 2，順列 (3,2,1) の転倒数は 3 である．

3.3 n 次正方行列の行列式の定義・行列式の性質 73

定義 3.3.3

転倒数 r の順列 $(p_1, p_2, \cdots, p_n)$ に対して，$(-1)^r$ をこの順列の符号と呼び，
$\mathrm{sgn}\,(p_1, p_2, \cdots, p_n)$ で表す．つまり，次式のようになる．

$$\mathrm{sgn}\,(p_1, p_2, \cdots, p_n) = \begin{cases} 1 & (r\ \text{が偶数のとき}) \\ -1 & (r\ \text{が奇数のとき}) \end{cases}$$

▌例

 $n = 2$ の場合： $\mathrm{sgn}(1, 2) = 1,\ \mathrm{sgn}(2, 1) = -1$.

 $n = 3$ の場合： $\mathrm{sgn}(1, 2, 3) = 1,\ \mathrm{sgn}(1, 3, 2) = -1,\ \mathrm{sgn}(2, 1, 3) = -1,\ \mathrm{sgn}(2, 3, 1) = 1$,
  $\mathrm{sgn}(3, 1, 2) = 1,\ \mathrm{sgn}(3, 2, 1) = -1$.

3.3.3 n 次正方行列の行列式

定義 3.3.4

n 次正方行列

$$A = \begin{pmatrix} a_{11} & a_{12} & \cdots & a_{1n} \\ a_{21} & a_{22} & \cdots & a_{2n} \\ \vdots & \vdots & \ddots & \vdots \\ a_{n1} & a_{n2} & \cdots & a_{nn} \end{pmatrix}$$

に対して，$\sum \mathrm{sgn}\,(p_1, p_2, \cdots, p_n)\,a_{1p_1} a_{2p_2} \cdots a_{np_n}$ によって定まる 1 つの数値を，行列 A の行列式といい，以下のように表す．

$$det A,\ |A|,\ \begin{vmatrix} a_{11} & a_{12} & \cdots & a_{1n} \\ a_{21} & a_{22} & \cdots & a_{2n} \\ \vdots & \vdots & \ddots & \vdots \\ a_{n1} & a_{n2} & \cdots & a_{nn} \end{vmatrix}$$

ただし，上述の Σ は，$n!$ 個のすべての順列 $(p_1, p_2, \cdots, p_n)$ についての総和を意味する．

▌例

 $n = 2$ の場合：全部で $2! = 2$ 個の和で，次のようになる．

$$\begin{vmatrix} a_{11} & a_{12} \\ a_{21} & a_{22} \end{vmatrix} = \mathrm{sgn}\,(1, 2)\,a_{11}a_{22} + \mathrm{sgn}\,(2, 1)\,a_{12}a_{21} = a_{11}a_{22} - a_{12}a_{21}$$

$n=3$ の場合：全部で $3!=6$ 個の和で，次のようになる．

$$\begin{vmatrix} a_{11} & a_{12} & a_{13} \\ a_{21} & a_{22} & a_{23} \\ a_{31} & a_{32} & a_{33} \end{vmatrix}$$
$= \operatorname{sgn}(1,2,3)\, a_{11}a_{22}a_{33} + \operatorname{sgn}(1,3,2)\, a_{11}a_{23}a_{32} + \operatorname{sgn}(2,1,3)\, a_{12}a_{21}a_{33}$
$\quad + \operatorname{sgn}(2,3,1)\, a_{12}a_{23}a_{31} + \operatorname{sgn}(3,1,2)\, a_{13}a_{21}a_{32} + \operatorname{sgn}(3,2,1)\, a_{13}a_{22}a_{31}$
$= a_{11}a_{22}a_{33} - a_{11}a_{23}a_{32} - a_{12}a_{21}a_{33} + a_{12}a_{23}a_{31} + a_{13}a_{21}a_{32} - a_{13}a_{22}a_{31}$

Remark

$n \geqq 4$ の場合は，定義に従って直接計算すると一般には項数が多く大変である．このため以降で述べる行列式の性質を利用し，簡単な形に変形してから計算する．例えば，以下のような，特殊な形の行列（三角行列）の行列式に関しては，定義より直接求めることができる．

$$\begin{vmatrix} a_{11} & a_{12} & \cdots & a_{1n} \\ & a_{22} & \cdots & a_{2n} \\ & & \ddots & \vdots \\ 0 & & & a_{nn} \end{vmatrix} = \begin{vmatrix} a_{11} & & & 0 \\ a_{21} & a_{22} & & \\ \vdots & \vdots & \ddots & \\ a_{n1} & a_{n2} & \cdots & a_{nn} \end{vmatrix} = a_{11}a_{22}\cdots a_{nn}$$

3.3.4 行列式の性質

以下に，行列式の性質を示す．

(I) ある行の成分を α 倍した行列の行列式は，もとの行列式の α 倍である．
(II) 1つの行の各成分が2つの数の和になっているときには，その行列式は，そこを基点として分けた2つの行列式の和となる．
(III) 2つの行を入れ替えることによって，行列式は符号だけが変わる．
(IV) 2つの行が等しい行列の行列式は0である．
(V) 2行が比例するときには，行列式は0になる．
(VI) 行列式のある行をスカラー倍して他の行に加えても行列式の値は変わらない．
(VII) 正方行列 A が正則行列であるための必要十分条件は，A の行列式が0でないことである．
(VIII) 任意の n 次正方行列 A,B に対して，$|AB|=|A||B|$ となる．
(IX) 転置行列の行列式はもとの行列の行列式に等しい．
(X) A は m 次，B は n 次の正方行列，C は $m \times n$ 行列とする．このとき，以下が成立する．

$$\begin{vmatrix} A & C \\ O & B \end{vmatrix} = |A||B|$$

以上は「行」を「列」に換えても成立する．以下，順に例を示す．

▎例

(I) ある行の成分を α 倍した行列の行列式は，もとの行列式の α 倍である．

$$\begin{vmatrix} \alpha a_1 & \alpha b_1 & \alpha c_1 \\ a_2 & b_2 & c_2 \\ a_3 & b_3 & c_3 \end{vmatrix} = \alpha \begin{vmatrix} a_1 & b_1 & c_1 \\ a_2 & b_2 & c_2 \\ a_3 & b_3 & c_3 \end{vmatrix}, \quad \begin{vmatrix} \alpha a_1 & b_1 & c_1 \\ \alpha a_2 & b_2 & c_2 \\ \alpha a_3 & b_3 & c_3 \end{vmatrix} = \alpha \begin{vmatrix} a_1 & b_1 & c_1 \\ a_2 & b_2 & c_2 \\ a_3 & b_3 & c_3 \end{vmatrix}$$

$$\begin{vmatrix} 128 & 256 & 128 \\ 1 & 1 & 2 \\ 0 & 0 & 1 \end{vmatrix} = 128 \begin{vmatrix} 1 & 2 & 1 \\ 1 & 1 & 2 \\ 0 & 0 & 1 \end{vmatrix} = 128\,(1 + 0 + 0 - 0 - 0 - 2) = -128$$

▎例

(II) 1つの行の各成分が2つの数の和になっているときには，その行列式は，そこを基点として分けた2つの行列式の和となる．

$$\begin{vmatrix} a_1 & b_1 & c_1 \\ a_2 + x_2 & b_2 + y_2 & c_2 + z_2 \\ a_3 & b_3 & c_3 \end{vmatrix} = \begin{vmatrix} a_1 & b_1 & c_1 \\ a_2 & b_2 & c_2 \\ a_3 & b_3 & c_3 \end{vmatrix} + \begin{vmatrix} a_1 & b_1 & c_1 \\ x_2 & y_2 & z_2 \\ a_3 & b_3 & c_3 \end{vmatrix}$$

$$\begin{vmatrix} a_1 + x_1 & b_1 & c_1 \\ a_2 + x_2 & b_2 & c_2 \\ a_3 + x_3 & b_3 & c_3 \end{vmatrix} = \begin{vmatrix} a_1 & b_1 & c_1 \\ a_2 & b_2 & c_2 \\ a_3 & b_3 & c_3 \end{vmatrix} + \begin{vmatrix} x_1 & b_1 & c_1 \\ x_2 & b_2 & c_2 \\ x_3 & b_3 & c_3 \end{vmatrix}$$

▎例

(III) 2つの行を入れ替えることによって，行列式は符号だけが変わる．

$$D = \begin{vmatrix} a_1 & b_1 & c_1 \\ a_2 & b_2 & c_2 \\ a_3 & b_3 & c_3 \end{vmatrix}, \quad \begin{vmatrix} a_2 & b_2 & c_2 \\ a_1 & b_1 & c_1 \\ a_3 & b_3 & c_3 \end{vmatrix} = -D$$

$$\begin{vmatrix} 2 & 0 & 1 \\ 1 & 1 & 0 \\ 3 & 1 & 0 \end{vmatrix} = - \begin{vmatrix} 1 & 1 & 0 \\ 2 & 0 & 1 \\ 3 & 1 & 0 \end{vmatrix}$$

76　第3章　行列

▌例

(IV) 2つの行が等しい行列の行列式は0である.

$$\begin{vmatrix} a_1 & b_1 & c_1 \\ x & y & z \\ x & y & z \end{vmatrix} = 0$$

$$\begin{vmatrix} 2 & 0 & 1 \\ 1 & 1 & 0 \\ 1 & 1 & 0 \end{vmatrix} = 0$$

▌例

(V)　2行が比例すれば, 行列式は0になる.

$$\begin{vmatrix} 2 & 0 & 1 \\ 1 & 1 & 0 \\ 7 & 7 & 0 \end{vmatrix} = 0$$

▌例

(VI) 行列式のある行をスカラー倍して他の行に加えても行列式の値は変わらない.

$$\begin{vmatrix} a_1 & b_1 & c_1 \\ a_2 & b_2 & c_2 \\ a_3 & b_3 & c_3 \end{vmatrix} = \begin{vmatrix} a_1 & b_1 & c_1 \\ a_2 & b_2 & c_2 \\ a_3 + \alpha a_2 & b_3 + \alpha b_2 & c_3 + \alpha c_2 \end{vmatrix}$$

$$\begin{vmatrix} a_1 & b_1 & c_1 \\ a_2 & b_2 & c_2 \\ a_3 & b_3 & c_3 \end{vmatrix} = \begin{vmatrix} a_1 + \alpha b_1 & b_1 & c_1 \\ a_2 + \alpha b_2 & b_2 & c_2 \\ a_3 + \alpha b_3 & b_3 & c_3 \end{vmatrix}$$

$$\begin{vmatrix} 2 & 1 & 1 \\ 1 & 1 & 1 \\ 0 & 0 & 1 \end{vmatrix} = \begin{vmatrix} 1 & 0 & 0 \\ 1 & 1 & 1 \\ 0 & 0 & 1 \end{vmatrix} = \begin{vmatrix} 1 & 0 & 0 \\ 1 & 1 & 0 \\ 0 & 0 & 1 \end{vmatrix} = 1$$

▌例

(VII)　正方行列 A が正則行列であるための必要十分条件は, A の行列式が0でないことである.

$$A = \begin{pmatrix} a & b \\ c & d \end{pmatrix} のとき, A が正則 \Leftrightarrow \det A = |A| = ad - bc \neq 0$$

3.3 n 次正方行列の行列式の定義・行列式の性質 77

▎例

(VIII) 任意の n 次正方行列 A, B に対して，$|AB| = |A| \, |B|$ となる.

$A = \begin{pmatrix} a_{11} & a_{12} \\ a_{21} & a_{22} \end{pmatrix}$, $B = \begin{pmatrix} b_{11} & b_{12} \\ b_{21} & b_{22} \end{pmatrix}$ のとき，

$AB = \begin{pmatrix} a_{11}b_{11} + a_{12}b_{21} & a_{11}b_{12} + a_{12}b_{22} \\ a_{21}b_{11} + a_{22}b_{21} & a_{21}b_{12} + a_{22}b_{22} \end{pmatrix}$ で，

$$|A| \, |B| = (a_{11}a_{22} - a_{12}a_{21})(b_{11}b_{22} - b_{12}b_{21})$$

$$= a_{11}a_{22}b_{11}b_{22} - a_{11}a_{22}b_{12}b_{21} - a_{12}a_{21}b_{11}b_{22} + a_{12}a_{21}b_{12}b_{21}$$

$$|AB| = (a_{11}b_{11} + a_{12}b_{21})(a_{21}b_{12} + a_{22}b_{22}) - (a_{11}b_{12} + a_{12}b_{22})(a_{21}b_{11} + a_{22}b_{21})$$

$$= a_{11}a_{21}b_{11}b_{12} + a_{11}a_{22}b_{11}b_{22} + a_{12}a_{21}b_{12}b_{21} + a_{12}a_{22}b_{21}b_{22}$$

$$\quad - a_{11}a_{21}b_{11}b_{12} - a_{11}a_{22}b_{12}b_{12} - a_{12}a_{21}b_{11}b_{22} - a_{12}a_{22}b_{21}b_{22}$$

$$= a_{11}a_{22}b_{11}b_{22} - a_{11}a_{22}b_{12}b_{21} - a_{12}a_{21}b_{11}b_{22} + a_{12}a_{21}b_{12}b_{21}$$

▎例

(IX) 転置行列の行列式はもとの行列の行列式に等しい.

$$\left| {}^t A \right| = |A|$$

$$\begin{vmatrix} a_1 & a_2 & a_3 \\ b_1 & b_2 & b_3 \\ c_1 & c_2 & c_3 \end{vmatrix} = \begin{vmatrix} a_1 & b_1 & c_1 \\ a_2 & b_2 & c_2 \\ a_3 & b_3 & c_3 \end{vmatrix}$$

▎例

(X) A は m 次，B は n 次の正方行列，C は $m \times n$ 行列とする．このとき，以下が成立する.

$$\begin{vmatrix} A & C \\ O & B \end{vmatrix} = |A||B|$$

これを利用すると次の等式が成り立つ.

$$\begin{vmatrix} a_{11} & \cdots & a_{1n-1} & a_{1n} \\ \vdots & & \vdots & \vdots \\ a_{n-11} & \cdots & a_{n-1n-1} & a_{n-1n} \\ 0 & \cdots & 0 & a_{nn} \end{vmatrix} = a_{nn} \begin{vmatrix} a_{11} & \cdots & a_{1n-1} \\ \vdots & & \vdots \\ a_{n-11} & \cdots & a_{n-1n-1} \end{vmatrix}$$

78 第3章 行列

3×3 行列の行列式を求める Python のコードを以下に示す.

```
import sympy

a, b, c = sympy.symbols('a b c')
A = sympy.Matrix([[a, b, c], [c, a, b] , [b, c, a]])

# 行列式
print("det(A) =" + str(A.det()))
```

3.3.5 実際の行列式の計算方法

4 次以上の正方行列の行列式は，次の ① か ② の方針により計算することができる.

① 性質 (I)，(III)，(VI) などを繰り返し使って三角行列の行列式になるよう変形して，定義により求める.

$$
\begin{vmatrix} a_{11} & a_{12} & \cdots & a_{1n} \\ & a_{22} & \cdots & a_{2n} \\ & & \ddots & \vdots \\ 0 & & & a_{nn} \end{vmatrix} = \begin{vmatrix} a_{11} & & & 0 \\ a_{21} & a_{22} & & \\ \vdots & \vdots & \ddots & \\ a_{n1} & a_{n2} & \cdots & a_{nn} \end{vmatrix} = a_{11}a_{22}\cdots a_{nn}
$$

② 性質 (I)，(III)，(VI) などを繰り返し使って性質 (X) が使える形にし，次数を落とす. これを 2×2 行列や 3×3 行列の行列式になるまで行う.

$$
\begin{vmatrix} a_{11} & \cdots & a_{1n-1} & a_{1n} \\ \vdots & & \vdots & \vdots \\ a_{n-11} & \cdots & a_{n-1n-1} & a_{n-1n} \\ 0 & \cdots & 0 & a_{nn} \end{vmatrix} = a_{nn} \begin{vmatrix} a_{11} & \cdots & a_{1n-1} \\ \vdots & & \vdots \\ a_{n-11} & \cdots & a_{n-1n-1} \end{vmatrix}
$$

▌例題

$$
\begin{vmatrix} 1 & 2 & 3 & 4 \\ 2 & 3 & 4 & 1 \\ 3 & 4 & 1 & 2 \\ 4 & 1 & 2 & 3 \end{vmatrix}
$$
を求めよ.

3.3 n 次正方行列の行列式の定義・行列式の性質　79

解

① の方法：

$$
\begin{vmatrix} 1 & 2 & 3 & 4 \\ 2 & 3 & 4 & 1 \\ 3 & 4 & 1 & 2 \\ 4 & 1 & 2 & 3 \end{vmatrix} = \begin{vmatrix} 1 & 2 & 3 & 4 \\ 0 & -1 & -2 & -7 \\ 0 & -2 & -8 & -10 \\ 0 & -7 & -10 & -13 \end{vmatrix} = \begin{vmatrix} 1 & 2 & 3 & 4 \\ 0 & -1 & -2 & -7 \\ 0 & 0 & -4 & 4 \\ 0 & 0 & 4 & 36 \end{vmatrix} = \begin{vmatrix} 1 & 2 & 3 & 4 \\ 0 & -1 & -2 & -7 \\ 0 & 0 & -4 & 4 \\ 0 & 0 & 0 & 40 \end{vmatrix}
$$

$$
= 160
$$

② の方法：

$$
\begin{vmatrix} 1 & 2 & 3 & 4 \\ 2 & 3 & 4 & 1 \\ 3 & 4 & 1 & 2 \\ 4 & 1 & 2 & 3 \end{vmatrix} = - \begin{vmatrix} 1 & 2 & 3 & 4 \\ 4 & 1 & 2 & 3 \\ 3 & 4 & 1 & 2 \\ 2 & 3 & 4 & 1 \end{vmatrix} = - \begin{vmatrix} -7 & -10 & -13 & 4 \\ -2 & -8 & -10 & 3 \\ -1 & -2 & -7 & 2 \\ 0 & 0 & 0 & 1 \end{vmatrix} = - \begin{vmatrix} -7 & -10 & -13 \\ -2 & -8 & -10 \\ -1 & -2 & -7 \end{vmatrix}
$$

$$
= \begin{vmatrix} 7 & 10 & 13 \\ 2 & 8 & 10 \\ 1 & 2 & 7 \end{vmatrix} = \begin{vmatrix} 0 & -4 & -36 \\ 0 & 4 & -4 \\ 1 & 2 & 7 \end{vmatrix} = (-4)(-4) - (-36)4 = 160
$$

この行列式を求める Python のコードを以下に示す．

```
import sympy

A = sympy.Matrix([[1, 2, 3, 4], [2, 3, 4, 1], [3, 4, 1, 2], [4, 1, 2, 3]])

# 行列式
print("det(A) =" + str(A.det()))
```

80   第3章 行列

確認問題 3.3

1. 次の問いに答えよ.

  (1) 行列と行列式の違いを簡単に説明せよ.

  (2) $A = \begin{pmatrix} a & b \\ c & d \end{pmatrix}$ の行列式を求めよ.

  (3) $A = \begin{pmatrix} a_{11} & a_{12} & a_{13} \\ a_{21} & a_{22} & a_{23} \\ a_{31} & a_{32} & a_{33} \end{pmatrix}$ の行列式を求めよ.

  (4) 4次以上の正方行列の行列式を求める際の基本方針を述べよ.

  (5) 行列式の性質 (I)〜(X) を簡単にまとめよ.

2. 次の行列式を計算せよ.

(1)
$$\begin{vmatrix} 3 & 2 \\ 3 & 4 \end{vmatrix}$$

(2)
$$\begin{vmatrix} \cos\theta & -\sin\theta \\ \sin\theta & \cos\theta \end{vmatrix}$$

(3)
$$\begin{vmatrix} 1 & 2 & 3 \\ 0 & 1 & 2 \\ 0 & 0 & 1 \end{vmatrix}$$

(4)
$$\begin{vmatrix} 1 & 2 & 3 \\ 2 & -3 & -1 \\ 2 & 1 & 3 \end{vmatrix}$$

(5)
$$\begin{vmatrix} a & b & c \\ c & a & b \\ b & c & a \end{vmatrix}$$

82   第3章　行列

3. 次の行列式を三角行列に変形する方法と性質 (X) を使う方法の 2 つの方法によって計算せよ.

$$\begin{vmatrix} 2 & 3 & 3 & 2 \\ 3 & 8 & 4 & 3 \\ 4 & 2 & 5 & 1 \\ 3 & 2 & 4 & 2 \end{vmatrix}$$

〜三角行列に変形する方法〜

〜性質 (X) を使う方法〜

3.4 余因子・行列式の展開・余因子行列による逆行列の計算・クラメールの公式

前節の行列式の性質 (X) では，A を m 次，B を n 次の正方行列，C を $m \times n$ 行列とするとき，

$$\begin{vmatrix} A & C \\ O & B \end{vmatrix} = |A||B|$$

であった．特に，

$$\begin{vmatrix} a_{11} & \cdots & a_{1n-1} & a_{1n} \\ \vdots & & \vdots & \vdots \\ a_{n-11} & \cdots & a_{n-1n-1} & a_{n-1n} \\ 0 & \cdots & 0 & a_{nn} \end{vmatrix} = a_{nn} \begin{vmatrix} a_{11} & \cdots & a_{1n-1} \\ \vdots & & \vdots \\ a_{n-11} & \cdots & a_{n-1n-1} \end{vmatrix}$$

が成り立つ．本節ではこの等式を一般化し，任意の行での展開を試みる．

3.4.1 余因子と行列式の展開

定義 3.4.1

一般に，n 次正方行列 $A = (a_{ij})$ から第 i 行と第 j 列の成分を取り除いて得られる $n-1$ 次の行列式に，$(-1)^{i+j}$ を掛けたものを a_{ij} の**余因子**といい，$\widetilde{A}_{ij}$ で表す．すなわち，

$$A = \begin{pmatrix} a_{11} & a_{12} & \cdots & a_{1j} & \cdots & a_{1n} \\ a_{21} & a_{22} & \cdots & a_{2j} & \cdots & a_{2n} \\ \vdots & \vdots & & \vdots & & \vdots \\ a_{i1} & a_{i2} & \cdots & a_{ij} & \cdots & a_{in} \\ \vdots & \vdots & & \vdots & \ddots & \vdots \\ a_{n1} & a_{n2} & \cdots & a_{nj} & \cdots & a_{nn} \end{pmatrix}$$

のとき，

$$\widetilde{A}_{ij} = (-1)^{i+j} \begin{vmatrix} a_{11} & \cdots & a_{1j-1} & a_{1j+1} & \cdots & a_{1n} \\ \vdots & & \vdots & \vdots & & \vdots \\ a_{i-11} & \cdots & a_{i-1j-1} & a_{i-1j+1} & \cdots & a_{i-1n} \\ a_{i+11} & \cdots & a_{i+1j-1} & a_{i+1j+1} & \cdots & a_{i+1n} \\ \vdots & & \vdots & \vdots & \ddots & \vdots \\ a_{n1} & \cdots & a_{nj-1} & a_{nj+1} & \cdots & a_{nn} \end{vmatrix}$$

となる．

84　第 3 章　行列

> **定理 3.4.1**
>
> n 次正方行列 $A = (a_{ij})$ に対して,
>
> $$|A| = a_{i1}\widetilde{A}_{i1} + a_{i2}\widetilde{A}_{i2} + \cdots + a_{in}\widetilde{A}_{in} = \sum_{k=1}^{n} a_{ik}\widetilde{A}_{ik} \quad (1 \le i \le n)$$
>
> $$|A| = a_{1j}\widetilde{A}_{1j} + a_{2j}\widetilde{A}_{2j} + \cdots + a_{nj}\widetilde{A}_{nj} = \sum_{k=1}^{n} a_{kj}\widetilde{A}_{kj} \quad (1 \le j \le n)$$
>
> となる.

　定理 3.4.1 より行列式は任意の行や列に関して展開することができ, その結果, 次数の低い余因子の和として表現できることが分かる.

3.4.2　行列式の展開例

　2 次正方行列の行列式は,

$$\begin{vmatrix} a_{11} & a_{12} \\ a_{21} & a_{22} \end{vmatrix} = a_{11}a_{22} - a_{12}a_{21}$$

であった. 実際, 定理 3.4.1 をあてはめて, 1 行で展開してみると,

$$\begin{vmatrix} a_{11} & a_{12} \\ a_{21} & a_{22} \end{vmatrix} = a_{11}\widetilde{A}_{11} + a_{12}\widetilde{A}_{12} = a_{11}(-1)^{1+1}|a_{22}| + a_{12}(-1)^{1+2}|a_{21}| = a_{11}a_{22} - a_{12}a_{21}$$

となり, 一致する.

　3 次正方行列式の行列式は,

$$\begin{vmatrix} a_{11} & a_{12} & a_{13} \\ a_{21} & a_{22} & a_{23} \\ a_{31} & a_{32} & a_{33} \end{vmatrix} = a_{11}a_{22}a_{33} + a_{12}a_{23}a_{31} + a_{13}a_{32}a_{21} - a_{13}a_{22}a_{31} - a_{23}a_{32}a_{11} - a_{33}a_{21}a_{12}$$

であった. 実際, 定理 3.4.1 をあてはめて, 1 行で展開してみると,

$$\begin{vmatrix} a_{11} & a_{12} & a_{13} \\ a_{21} & a_{22} & a_{23} \\ a_{31} & a_{32} & a_{33} \end{vmatrix} = a_{11}\widetilde{A}_{11} + a_{12}\widetilde{A}_{12} + a_{13}\widetilde{A}_{13}$$

$$= a_{11}(-1)^{1+1}\begin{vmatrix} a_{22} & a_{23} \\ a_{32} & a_{33} \end{vmatrix} + a_{12}(-1)^{1+2}\begin{vmatrix} a_{21} & a_{23} \\ a_{31} & a_{32} \end{vmatrix} + a_{13}(-1)^{1+3}\begin{vmatrix} a_{21} & a_{22} \\ a_{31} & a_{32} \end{vmatrix}$$

$$= a_{11}(a_{22}a_{33} - a_{23}a_{32}) - a_{12}(a_{21}a_{33} - a_{23}a_{31}) + a_{13}(a_{21}a_{32} - a_{22}a_{31})$$

$$= a_{11}a_{22}a_{33} + a_{12}a_{23}a_{31} + a_{13}a_{21}a_{32} - a_{11}a_{23}a_{32} - a_{12}a_{21}a_{33} - a_{13}a_{22}a_{31}$$

となり, 一致する.

3.4 余因子・行列式の展開・余因子行列による逆行列の計算・クラメールの公式　85

4 次正方行列の行列式も定理 3.4.1 を使うと，以下のようになる．

$$
\begin{vmatrix}
a_1 & b_1 & c_1 & d_1 \\
a_2 & b_2 & c_2 & d_2 \\
a_3 & b_3 & c_3 & d_3 \\
a_4 & b_4 & c_4 & d_4
\end{vmatrix}
= a_1
\begin{vmatrix}
b_2 & c_2 & d_2 \\
b_3 & c_3 & d_3 \\
b_4 & c_4 & d_4
\end{vmatrix}
- a_2
\begin{vmatrix}
b_1 & c_1 & d_1 \\
b_3 & c_3 & d_3 \\
b_4 & c_4 & d_4
\end{vmatrix}
$$

$$
+ a_3
\begin{vmatrix}
b_1 & c_1 & d_1 \\
b_2 & c_2 & d_2 \\
b_4 & c_4 & d_4
\end{vmatrix}
- a_4
\begin{vmatrix}
b_1 & c_1 & d_1 \\
b_2 & c_2 & d_2 \\
b_3 & c_3 & d_3
\end{vmatrix}
$$

▌例題

次の行列式を求めよ．

$$
|A| =
\begin{vmatrix}
2 & 1 & 3 & -2 \\
-1 & 1 & -1 & 0 \\
0 & 0 & 0 & 2 \\
3 & 0 & 1 & 0
\end{vmatrix}
$$

解

行列式を 3 行について展開する．

$$
|A| = 2 \cdot (-1)^{3+4}
\begin{vmatrix}
2 & 1 & 3 \\
-1 & 1 & -1 \\
3 & 0 & 1
\end{vmatrix}
= -2
\begin{vmatrix}
2 & 1 & 3 \\
-1 & 1 & -1 \\
3 & 0 & 1
\end{vmatrix}
= -2 (2 - 3 - 9 + 1) = 18
$$

3.4.3 余因子行列と逆行列

n 次正方行列 $A = (a_{ij})$ に対して a_{ij} の余因子 $\widetilde{A}_{ij}$ を (j, i) 成分とするような行列を A の**余因子行列**といい $\widetilde{A}$ で表す．(j, i) 成分のところが (i, j) 成分のところに来るように，転置行列を使って表せば，以下のようになる．

$$
\widetilde{A} = {}^t\!
\begin{pmatrix}
\widetilde{A}_{11} & \widetilde{A}_{12} & \cdots & \widetilde{A}_{1n} \\
\widetilde{A}_{21} & \widetilde{A}_{22} & \cdots & \widetilde{A}_{2n} \\
\vdots & \vdots & \ddots & \vdots \\
\widetilde{A}_{n1} & \widetilde{A}_{n2} & \cdots & \widetilde{A}_{nn}
\end{pmatrix}
$$

定理 3.4.2

n 次正方行列 A の逆行列は，以下のように与えられる．

$$
A^{-1} = \frac{1}{|A|} \widetilde{A}
$$

86   第3章　行列

▎例

3次正方行列

$$A = \begin{pmatrix} a_{11} & a_{12} & a_{13} \\ a_{21} & a_{22} & a_{23} \\ a_{31} & a_{32} & a_{33} \end{pmatrix}$$

のとき,

$$A^{-1} = \frac{1}{|A|} {}^t\!\begin{pmatrix} \widetilde{A}_{11} & \widetilde{A}_{12} & \widetilde{A}_{13} \\ \widetilde{A}_{21} & \widetilde{A}_{22} & \widetilde{A}_{23} \\ \widetilde{A}_{31} & \widetilde{A}_{32} & \widetilde{A}_{33} \end{pmatrix} = \frac{1}{|A|} \begin{pmatrix} \widetilde{A}_{11} & \widetilde{A}_{21} & \widetilde{A}_{31} \\ \widetilde{A}_{12} & \widetilde{A}_{22} & \widetilde{A}_{32} \\ \widetilde{A}_{13} & \widetilde{A}_{23} & \widetilde{A}_{33} \end{pmatrix}$$

▎例題

$A = \begin{pmatrix} -4 & 2 & 6 \\ -7 & 3 & 9 \\ -6 & 2 & 7 \end{pmatrix}$ に対して余因子行列を用いて A^{-1} を求めよ.

解

$$|A| = \begin{vmatrix} -4 & 2 & 6 \\ -7 & 3 & 9 \\ -6 & 2 & 7 \end{vmatrix}$$

$$= (-4)\cdot 3\cdot 7 + 2\cdot 9\cdot(-6) + 6\cdot 2\cdot(-7) - 6\cdot 3\cdot(-6) - 9\cdot 2\cdot(-4) - 7\cdot(-7)\cdot 2$$

$$= -84 - 108 - 84 + 108 + 72 + 98 = 2 \neq 0$$

$$A^{-1} = \frac{1}{|A|} {}^t\!\begin{pmatrix} \begin{vmatrix} 3 & 9 \\ 2 & 7 \end{vmatrix} & -\begin{vmatrix} -7 & 9 \\ -6 & 7 \end{vmatrix} & \begin{vmatrix} -7 & 3 \\ -6 & 2 \end{vmatrix} \\[2mm] -\begin{vmatrix} 2 & 6 \\ 2 & 7 \end{vmatrix} & \begin{vmatrix} -4 & 6 \\ -6 & 7 \end{vmatrix} & -\begin{vmatrix} -4 & 2 \\ -6 & 2 \end{vmatrix} \\[2mm] \begin{vmatrix} 2 & 6 \\ 3 & 9 \end{vmatrix} & -\begin{vmatrix} -4 & 6 \\ -7 & 9 \end{vmatrix} & \begin{vmatrix} -4 & 2 \\ -7 & 3 \end{vmatrix} \end{pmatrix}$$

$$= \frac{1}{2} {}^t\!\begin{pmatrix} 3 & -5 & 4 \\ -2 & 8 & -4 \\ 0 & -6 & 2 \end{pmatrix} = \frac{1}{2}\begin{pmatrix} 3 & -2 & 0 \\ -5 & 8 & -6 \\ 4 & -4 & 2 \end{pmatrix}$$

この余因子行列, 逆行列を求める Python のコードを以下に示す.

```
import sympy

A = sympy.Matrix([[ 4, 2, 6,], [-7, 3, 9], [-6, 2, 7]])
```

3.4 余因子・行列式の展開・余因子行列による逆行列の計算・クラメールの公式　87

```
# 行列式
print("det(A) =" + str(A.det()))
# 余因子行列
print(A.adjugate())
# 逆行列
print(A.inv())
```

4×4 行列の行列式と逆行列を求める Python のコードを以下に示す.

```
import sympy

A = sympy.Matrix([[2, 3, 3, 2], [3, 8, 4, 3], [4, 2, 5, 1], [3, 2, 4, 2]])

# 行列式
print("det(A) =" + str(sympy.det(A)))
# 逆行列
print(A.inv())
```

3.4.4　クラメールの公式

定義 3.4.2

n 元連立一次方程式

$$\begin{cases} a_{11}x_1 + a_{12}x_2 + \cdots + a_{1n}x_n = b_1 \\ a_{21}x_1 + a_{22}x_2 + \cdots + a_{2n}x_n = b_2 \\ \qquad\qquad\qquad \vdots \\ a_{n1}x_1 + a_{n2}x_2 + \cdots + a_{nn}x_n = b_n \end{cases}$$

の係数行列 $A = (a_{ij})$ が正則行列であるならば,この連立一次方程式は,ただ 1 組の解を有し,

$$x_i = \frac{1}{|A|} \begin{vmatrix} a_{11} & \cdots & a_{1i-1} & b_1 & a_{1i+1} & \cdots & a_{1n} \\ a_{21} & \cdots & a_{2i-1} & b_2 & a_{2i+1} & \cdots & a_{2n} \\ \vdots & & \vdots & \vdots & \vdots & & \vdots \\ a_{n1} & \cdots & a_{ni-1} & b_n & a_{ni+1} & \cdots & a_{nn} \end{vmatrix} \quad (1 \leq i \leq n)$$

がその解である.

88　第3章　行列

3元連立一次方程式の場合,

$$
\begin{cases}
a_{11}x_1 + a_{12}x_2 + a_{13}x_3 = b_1 \\
a_{21}x_1 + a_{22}x_2 + a_{23}x_3 = b_2 \\
a_{31}x_1 + a_{32}x_2 + a_{33}x_3 = b_3
\end{cases}
\qquad
|A| = \begin{vmatrix} a_{11} & a_{12} & a_{13} \\ a_{21} & a_{22} & a_{23} \\ a_{31} & a_{32} & a_{33} \end{vmatrix} \neq 0
$$

ならば, 解は以下の通りとなる.

$$
x_1 = \frac{1}{|A|} \begin{vmatrix} b_1 & a_{12} & a_{13} \\ b_2 & a_{22} & a_{23} \\ b_3 & a_{32} & a_{33} \end{vmatrix},\;
x_2 = \frac{1}{|A|} \begin{vmatrix} a_{11} & b_1 & a_{13} \\ a_{21} & b_2 & a_{23} \\ a_{31} & b_3 & a_{33} \end{vmatrix},\;
x_3 = \frac{1}{|A|} \begin{vmatrix} a_{11} & a_{12} & b_1 \\ a_{21} & a_{22} & b_2 \\ a_{31} & a_{32} & b_3 \end{vmatrix}
$$

▎例題

次の連立一次方程式の解をクラメールの公式を用いて求めよ.

$$
\begin{cases}
3x - 2y + z = 5 \\
x + 2y - z = 4 \\
x - 3y - 2z = 3
\end{cases}
$$

解

$$
|A| = \begin{vmatrix} 3 & -2 & 1 \\ 1 & 2 & -1 \\ 1 & -3 & -2 \end{vmatrix} = -12 - 3 + 2 - 2 - 9 - 4 = -28 \neq 0
$$

$$
x = \frac{1}{-28} \begin{vmatrix} 5 & -2 & 1 \\ 4 & 2 & -1 \\ 3 & -3 & -2 \end{vmatrix} = \frac{1}{-28}(-20 - 12 + 6 - 6 - 15 - 16) = \frac{-63}{-28} = \frac{63}{28}
$$

$$
y = \frac{1}{-28} \begin{vmatrix} 3 & 5 & 1 \\ 1 & 4 & -1 \\ 1 & 3 & -2 \end{vmatrix} = \frac{1}{-28}(-24 + 3 - 5 - 4 + 9 + 10) = \frac{-11}{-28} = \frac{11}{28}
$$

$$
z = \frac{1}{-28} \begin{vmatrix} 3 & -2 & 5 \\ 1 & 2 & 4 \\ 1 & -3 & 3 \end{vmatrix} = \frac{1}{-28}(18 - 15 - 8 - 10 + 36 + 6) = \frac{27}{-28} = -\frac{27}{28}
$$

確認問題 3.4

1. 以下の問いに答えよ.

   (1) n 次正方行列 $A = (a_{ij})$ に対して, a_{ij} の余因子とは何か. また, これを表す記号は何か答えよ.

   (2) n 次正方行列 $A = (a_{ij})$ の行列式 $|A|$ を i 行で展開するとどのようになるか答えよ.

   (3) 余因子行列とは何か. 余因子との違いは何か説明せよ.

   (4) 3 次正則行列 $A = (a_{ij})$ の逆行列を余因子を用いて表現せよ.

   (5) $A = \begin{pmatrix} -4 & 2 & 6 \\ -7 & 3 & 9 \\ -6 & 2 & 7 \end{pmatrix}$ のとき, A の行列式, 余因子行列, 逆行列を求めよ.

2. 行列式の展開を用いて次の行列式を計算せよ.

$$\begin{vmatrix} 2 & 3 & 3 & 2 \\ 3 & 8 & 4 & 3 \\ 4 & 2 & 5 & 1 \\ 3 & 2 & 4 & 2 \end{vmatrix}$$

90   第 3 章　行列

3. 余因子行列を用いて，次の各行列の逆行列を求めよ．

(1) $A = \begin{pmatrix} 1 & 3 & 2 \\ 2 & 1 & 3 \\ 3 & 2 & 1 \end{pmatrix}$

(2) $B = \begin{pmatrix} 2 & 3 & 7 \\ 3 & 5 & 4 \\ 7 & 4 & 5 \end{pmatrix}$

4. クラメールの公式を用いて，次の連立一次方程式を解け．

$$\begin{cases} 2x + 3y + z = 1 \\ -3x + 2y + 2z = -1 \\ 5x + y - 3z = -2 \end{cases}$$

3.5 線形写像・線形写像と行列の関係

3.5.1 線形写像の定義

定義 3.5.1

体 K 上のベクトル空間 U, V の間に定義された写像 $f : U \to V$ が次の条件を満たすとき，f を**線形写像**，または，**一次写像**という．

(1) $f(\boldsymbol{x} + \boldsymbol{y}) = f(\boldsymbol{x}) + f(\boldsymbol{y})$

(2) $f(\alpha \boldsymbol{x}) = \alpha f(\boldsymbol{x})$ $\qquad (\boldsymbol{x}, \boldsymbol{y} \in U, \alpha \in K)$

上述の条件はまとめて以下のように記述できる．

$$f(\alpha \boldsymbol{x} + \beta \boldsymbol{y}) = \alpha f(\boldsymbol{x}) + \beta f(\boldsymbol{y}) \qquad (\boldsymbol{x}, \boldsymbol{y} \in U, \alpha, \beta \in K)$$

例

座標平面上の点 (x_1, x_2) に対して，以下の規則により，点 (y_1, y_2) を対応させる写像 f は，体 $\mathbb{R}$ 上のベクトル空間 $\mathbb{R}^2$ から $\mathbb{R}^2$ への線形写像である．

$$\left\{ \begin{array}{l} y_1 = 3x_1 + 2x_2 \\ y_2 = 4x_1 + 3x_2 \end{array} \right. \Longleftrightarrow \left(\begin{array}{c} y_1 \\ y_2 \end{array} \right) = \left(\begin{array}{cc} 3 & 2 \\ 4 & 3 \end{array} \right) \left(\begin{array}{c} x_1 \\ x_2 \end{array} \right)$$

写像 f は以下のように記述できる．

$$f : \mathbb{R}^2 \to \mathbb{R}^2 \ (f : (x_1, x_2) \longmapsto (3x_1 + 2x_2, 4x_1 + 3x_2))$$

この写像 f は，$\boldsymbol{a} = (a_1, a_2), \boldsymbol{b} = (b_1, b_2) \in \mathbb{R}^2, \alpha \in \mathbb{R}$ に対して，

$$f(\boldsymbol{a} + \boldsymbol{b}) = f(a_1 + b_1, a_2 + b_2) = (3(a_1 + b_1) + 2(a_2 + b_2), 4(a_1 + b_1) + 3(a_2 + b_2))$$
$$= (3a_1 + 3b_1 + 2a_2 + 2b_2, 4a_1 + 4b_1 + 3a_2 + 3b_2),$$
$$f(\boldsymbol{a}) + f(\boldsymbol{b}) = (3a_1 + 2a_2, 4a_1 + 3a_2) + (3b_1 + 2b_2, 4b_1 + 3b_2)$$
$$= (3a_1 + 3b_1 + 2a_2 + 2b_2, 4a_1 + 4b_1 + 3a_2 + 3b_2)$$

となり，$f(\boldsymbol{a} + \boldsymbol{b}) = f(\boldsymbol{a}) + f(\boldsymbol{b})$ となることが分かる．また，

$$f(\alpha \boldsymbol{a}) = (3\alpha a_1 + 2\alpha a_2, 4\alpha a_1 + 3\alpha a_2),$$
$$\alpha f(\boldsymbol{a}) = \alpha(3a_1 + 2a_2, 4a_1 + 3a_2) = (3\alpha a_1 + 2\alpha a_2, 4\alpha a_1 + 3\alpha a_2)$$

となり，$f(\alpha \boldsymbol{a}) = \alpha f(\boldsymbol{a})$ となる．したがって，f は線形写像である．

92　第3章　行列

体 K 上の数ベクトル空間 K^n から K^m への写像 $f : (x_1, x_2, \cdots, x_n) \longmapsto (y_1, y_2, \cdots, y_m)$ が，以下の関係式を満たしているとき，この写像 f は線形写像である．

$$
\begin{cases}
y_1 = a_{11}x_1 + a_{12}x_2 + \cdots + a_{1n}x_n \\
y_2 = a_{21}x_1 + a_{22}x_2 + \cdots + a_{2n}x_n \\
\qquad\qquad\vdots \\
y_m = a_{m1}x_1 + a_{m2}x_2 + \cdots + a_{mn}x_n
\end{cases}
$$

$$
\Longleftrightarrow
\begin{pmatrix} y_1 \\ y_2 \\ \vdots \\ y_m \end{pmatrix}
=
\begin{pmatrix}
a_{11} & a_{12} & \cdots & a_{1n} \\
a_{21} & a_{22} & \cdots & a_{2n} \\
\vdots & \vdots & \ddots & \vdots \\
a_{m1} & a_{m2} & \cdots & a_{mn}
\end{pmatrix}
\begin{pmatrix} x_1 \\ x_2 \\ \vdots \\ x_n \end{pmatrix}
$$

3.5.2　線形写像の基本性質

体 K 上のベクトル空間 U, V の間に定義された線形写像 $f : U \to V$ に対して，次のことが成り立つ．ここで，$\boldsymbol{x}, \boldsymbol{y} \in U, \alpha_i \in K$ とする．

(i)　$f(\boldsymbol{0}) = \boldsymbol{0}$

(ii)　$f(-\boldsymbol{x}) = -f(\boldsymbol{x})$

(iii)　$f(\boldsymbol{x} - \boldsymbol{y}) = f(\boldsymbol{x}) - f(\boldsymbol{y})$

(iv)　$f(\alpha_1 \boldsymbol{x}_1 + \alpha_2 \boldsymbol{x}_2 + \cdots + \alpha_n \boldsymbol{x}_n) = \alpha_1 f(\boldsymbol{x}_1) + \alpha_2 f(\boldsymbol{x}_2) + \cdots + \alpha_n f(\boldsymbol{x}_n)$

(v)　$\boldsymbol{x}_1, \boldsymbol{x}_2, \cdots, \boldsymbol{x}_n$ が一次従属 $\Longrightarrow f(\boldsymbol{x}_1), f(\boldsymbol{x}_2), \cdots, f(\boldsymbol{x}_n)$ も一次従属

(vi)　$f(\boldsymbol{x}_1), f(\boldsymbol{x}_2), \cdots, f(\boldsymbol{x}_n)$ が一次独立 $\Longrightarrow \boldsymbol{x}_1, \boldsymbol{x}_2, \cdots, \boldsymbol{x}_n$ も一次独立

ベクトル空間 V の任意のベクトル $\boldsymbol{v}_1, \boldsymbol{v}_2, \cdots, \boldsymbol{v}_m$ の線形結合で表されるベクトル $\boldsymbol{x} = x_1 \boldsymbol{v}_1 + x_2 \boldsymbol{v}_2 + \cdots + x_m \boldsymbol{v}_m$ を以下のような記法で表す．

$$
\boldsymbol{x} = (\boldsymbol{v}_1, \boldsymbol{v}_2, \cdots, \boldsymbol{v}_m)
\begin{pmatrix} x_1 \\ x_2 \\ \vdots \\ x_m \end{pmatrix}
$$

これは，各成分が数ではなくベクトルになっているので，通常の $1 \times m$ 行列（数ベクトル）とは異なる．しかし，ここでは分かりやすさのため，一般の $1 \times m$ 行列と $m \times 1$ 行列の積にならい，このように表現している．さらに，これを一般化して，n 個のベクトル $\boldsymbol{a}_1, \boldsymbol{a}_2, \cdots, \boldsymbol{a}_n$ が，m 個のベクトル $\boldsymbol{v}_1, \boldsymbol{v}_2, \cdots, \boldsymbol{v}_m$ の線形結合として

$$
\begin{cases}
\boldsymbol{a}_1 = a_{11}\boldsymbol{v}_1 + a_{12}\boldsymbol{v}_2 + \cdots + a_{m1}\boldsymbol{v}_m \\
\boldsymbol{a}_2 = a_{21}\boldsymbol{v}_1 + a_{22}\boldsymbol{v}_2 + \cdots + a_{m2}\boldsymbol{v}_m \\
\qquad\qquad\vdots \\
\boldsymbol{a}_n = a_{1n}\boldsymbol{v}_1 + a_{2n}\boldsymbol{v}_2 + \cdots + a_{mn}\boldsymbol{v}_m
\end{cases}
$$

のように表されるとき，これを以下のように表記する．

$$(\boldsymbol{a}_1, \boldsymbol{a}_2, \cdots, \boldsymbol{a}_n) = (\boldsymbol{v}_1, \boldsymbol{v}_2, \cdots, \boldsymbol{v}_m) \begin{pmatrix} a_{11} & a_{12} & \cdots & a_{1n} \\ a_{21} & a_{22} & \cdots & a_{2n} \\ \vdots & \vdots & \ddots & \vdots \\ a_{m1} & a_{m2} & \cdots & a_{mn} \end{pmatrix}$$

U, V を体 K 上のベクトル空間とし，$\{\boldsymbol{u}_1, \boldsymbol{u}_2, \cdots, \boldsymbol{u}_n\}$ および $\{\boldsymbol{v}_1, \boldsymbol{v}_2, \cdots, \boldsymbol{v}_m\}$ をそれぞれ U, V から任意に選んだ基底とする．このとき，任意の線形写像 $f : U \rightarrow V$ に対して，各ベクトル $f(\boldsymbol{u}_i)$ は V の元であるから，$\boldsymbol{v}_1, \boldsymbol{v}_2, \cdots, \boldsymbol{v}_m$ の線形結合として

$$\begin{cases} f(\boldsymbol{u}_1) = a_{11}\boldsymbol{v}_1 + a_{12}\boldsymbol{v}_2 + \cdots + a_{m1}\boldsymbol{v}_m \\ f(\boldsymbol{u}_2) = a_{21}\boldsymbol{v}_1 + a_{22}\boldsymbol{v}_2 + \cdots + a_{m2}\boldsymbol{v}_m \\ \qquad\qquad\qquad \vdots \\ f(\boldsymbol{u}_n) = a_{1n}\boldsymbol{v}_1 + a_{2n}\boldsymbol{v}_2 + \cdots + a_{mn}\boldsymbol{v}_m \end{cases}$$

と書ける．すなわち，

$$(f(\boldsymbol{u}_1), f(\boldsymbol{u}_2), \cdots, f(\boldsymbol{u}_n)) = (\boldsymbol{v}_1, \boldsymbol{v}_2, \cdots, \boldsymbol{v}_m) \begin{pmatrix} a_{11} & a_{12} & \cdots & a_{1n} \\ a_{21} & a_{22} & \cdots & a_{2n} \\ \vdots & \vdots & \ddots & \vdots \\ a_{m1} & a_{m2} & \cdots & a_{mn} \end{pmatrix}$$

と書くことができる．この行列 (a_{ij}) を線形写像 f の基底 $\{\boldsymbol{u}_1, \boldsymbol{u}_2, \cdots, \boldsymbol{u}_n\}$, $\{\boldsymbol{v}_1, \boldsymbol{v}_2, \cdots, \boldsymbol{v}_m\}$ に関する表現行列といい，$M(f)$ で表す．すなわち，

$$M(f) = \begin{pmatrix} a_{11} & a_{12} & \cdots & a_{1n} \\ a_{21} & a_{22} & \cdots & a_{2n} \\ \vdots & \vdots & \ddots & \vdots \\ a_{m1} & a_{m2} & \cdots & a_{mn} \end{pmatrix}$$

である．ここで，U, V の基底の選び方を変えれば，f の表現行列が変わることに注意する．

▌例

体 $\mathbb{R}$ 上のベクトル空間 $\mathbb{R}^2$ から $\mathbb{R}^2$ への線形写像

$$f : (x_1, x_2) \longmapsto (3x_1 + 2x_2, 4x_1 + 3x_2)$$

に対して，基底 $\boldsymbol{e}_1 = (1, 0)$, $\boldsymbol{e}_2 = (0, 1)$ に関する表現行列 $M(f)$ を求める．$f(\boldsymbol{e}_1) = (3, 4) = 3\boldsymbol{e}_1 + 4\boldsymbol{e}_2$, $f(\boldsymbol{e}_2) = (2, 3) = 2\boldsymbol{e}_1 + 3\boldsymbol{e}_2$ より

$$(f(\boldsymbol{e}_1), f(\boldsymbol{e}_2)) = (\boldsymbol{e}_1, \boldsymbol{e}_2) \begin{pmatrix} 3 & 2 \\ 4 & 3 \end{pmatrix}$$

94   第3章　行列

となる．したがって，$M(f) = \begin{pmatrix} 3 & 2 \\ 4 & 3 \end{pmatrix}$ である．

▌例

同じく，体 $\mathbb{R}$ 上のベクトル空間 $\mathbb{R}^2$ から $\mathbb{R}^2$ への線形写像

$$f : (x_1, x_2) \longmapsto (3x_1 + 2x_2, 4x_1 + 3x_2)$$

に対して，基底 $\boldsymbol{u}_1 = (1,1), \boldsymbol{u}_2 = (1,-1)$ と $\boldsymbol{e}_1 = (1,0), \boldsymbol{e}_2 = (0,1)$ に関する表現行列 $M(f)$ を求めると，以下のようになる．$f(\boldsymbol{u}_1) = (5,7) = 5\boldsymbol{e}_1 + 7\boldsymbol{e}_2, f(\boldsymbol{u}_2) = (1,1) = 1\boldsymbol{e}_1 + 1\boldsymbol{e}_2$ より

$$(f(\boldsymbol{u}_1), f(\boldsymbol{u}_2)) = (\boldsymbol{e}_1, \boldsymbol{e}_2) \begin{pmatrix} 5 & 1 \\ 7 & 1 \end{pmatrix}$$

となる．したがって，$M(f) = \begin{pmatrix} 5 & 1 \\ 7 & 1 \end{pmatrix}$ である．

3.5.3　線形写像と行列の関係

任意の行列 $A = (a_{ij}) \in M(m, n, \mathbf{R})$ に対して，体 K 上の数ベクトル空間 K^n から K^m への線形写像 $f_A : (x_1, x_2, \cdots, x_n) \mapsto (y_1, y_2, \cdots, y_m)$ が，次式によって定義できる．

$$\begin{cases} y_1 = a_{11}x_1 + a_{12}x_2 + \cdots + a_{1n}x_n \\ y_2 = a_{21}x_1 + a_{22}x_2 + \cdots + a_{2n}x_n \\ \qquad\qquad\qquad \vdots \\ y_m = a_{m1}x_1 + a_{m2}x_2 + \cdots + a_{mn}x_n \end{cases}$$

この写像 f_A を行列 A によって定まる線形写像という．

────── 💡 **Remark** ──────────────────────────────────

- 線形写像 $f_A : K^n \mapsto K^m$ の標準基底に関する表現行列は A に他ならない．
- 任意の線形写像 $g : K^n \mapsto K^m$ の標準基底に関する表現行列を B とすれば，g は f_B に他ならない．

確認問題 3.5

1. 次の (1)〜(3) に答えよ.
   (1) A, B を集合とするとき，写像 $f : A \to B$ が全射であることの定義を述べよ.

   (2) A, B を集合とするとき，写像 $f : A \to B$ が単射であることの定義を述べよ.

   (3) 線形写像の定義を述べよ.

2. 次の各写像のうち，単射であるもの，全射であるもの，および線形写像であるものはどれか答えよ.
   $f_1 : \mathbb{R} \to \mathbb{R} \ (x \mapsto x + 1)$
   $f_2 : \mathbb{R} \to \mathbb{R} \ (x \mapsto x^2 + x + 1)$
   $f_3 : \mathbb{R} \to \mathbb{R} \ (x \mapsto x^3 + x^2 + x + 1)$
   $f_4 : \mathbb{R}^2 \to \mathbb{R}^2 \ ((x, y) \mapsto (x + y, x - y))$
   $f_5 : \mathbb{R}^2 \to \mathbb{R}^2 \ ((x, y) \mapsto (x, 0))$
   $f_6 : \mathbb{R}^2 \to \mathbb{R}^2 \ ((x, y) \mapsto (x + y, xy))$
   $f_7 : \mathbb{R}^2 \to \mathbb{R} \ ((x, y) \mapsto x - y)$

   単射：

   全射：

   線形写像：

96   第3章　行列

3. 線形写像

$$f : \mathbb{R}^4 \to \mathbb{R}^3 \ ((x_1, x_2, x_3, x_4) \mapsto (x_1 + x_2 + 2x_3, 2x_2 + x_3 + x_4, x_1 - x_3 + 2x_4))$$

について，次の各基底に関する表現行列を求めよ．

(1) $\mathbb{R}^4$ と $\mathbb{R}^3$ の標準基底に関して．

(2) $\mathbb{R}^4$ の標準基底と $\mathbb{R}^3$ の基底 $\{ \boldsymbol{d}_1 = (1, 1, 1), \boldsymbol{d}_2 = (1, 1, -1), \boldsymbol{d}_3 = (-1, 1, 0) \}$ に関して．

第4章 線形代数の応用

4.1 固有値と固有ベクトル

4.1.1 固有値と固有ベクトルの定義と例

V を体 K 上の n 次元ベクトル空間,A を n 次正方行列とする.このとき,V の零ベクトルでないベクトル $\boldsymbol{x}$ に対して,$A\boldsymbol{x} = \lambda \boldsymbol{x}$ をみたすスカラー $\lambda \in K$ が存在するとき,λ を A の**固有値**,$\boldsymbol{x}$ を固有値 λ に対する A の**固有ベクトル**という.V として $\mathbb{R}^2$,体 K として $\mathbb{R}$ をとると,$\mathbb{R}^2$ は体 $\mathbb{R}$ 上の2次元ベクトル空間である.このとき2次正方行列 A として,例えば $A = \begin{pmatrix} 0 & 2 \\ 2 & 0 \end{pmatrix}$ を選べば,$\mathbb{R}^2$ の零ベクトルでないベクトル $\boldsymbol{x} = \begin{pmatrix} 1 \\ 1 \end{pmatrix}$ に対して,

$$A\boldsymbol{x} = \begin{pmatrix} 0 & 2 \\ 2 & 0 \end{pmatrix} \begin{pmatrix} 1 \\ 1 \end{pmatrix} = \begin{pmatrix} 2 \\ 2 \end{pmatrix} = 2 \begin{pmatrix} 1 \\ 1 \end{pmatrix} = 2\boldsymbol{x}$$

となるので,2 は A の固有値であり,$\begin{pmatrix} 1 \\ 1 \end{pmatrix}$ は固有値 2 に対する A の固有ベクトルである.

また,このとき

$$\boldsymbol{x} = \begin{pmatrix} -1 \\ -1 \end{pmatrix},\ \begin{pmatrix} 2 \\ 2 \end{pmatrix},\ \begin{pmatrix} 3 \\ 3 \end{pmatrix}$$

などに対しても,それぞれ

$$A\boldsymbol{x} = \begin{pmatrix} 0 & 2 \\ 2 & 0 \end{pmatrix} \begin{pmatrix} -1 \\ -1 \end{pmatrix} = \begin{pmatrix} -2 \\ -2 \end{pmatrix} = 2 \begin{pmatrix} -1 \\ -1 \end{pmatrix} = 2\boldsymbol{x}$$

$$A\boldsymbol{x} = \begin{pmatrix} 0 & 2 \\ 2 & 0 \end{pmatrix} \begin{pmatrix} 2 \\ 2 \end{pmatrix} = \begin{pmatrix} 4 \\ 4 \end{pmatrix} = 2 \begin{pmatrix} 2 \\ 2 \end{pmatrix} = 2\boldsymbol{x}$$

$$A\boldsymbol{x} = \begin{pmatrix} 0 & 2 \\ 2 & 0 \end{pmatrix} \begin{pmatrix} 3 \\ 3 \end{pmatrix} = \begin{pmatrix} 6 \\ 6 \end{pmatrix} = 2 \begin{pmatrix} 3 \\ 3 \end{pmatrix} = 2\boldsymbol{x}$$

となるので,固有値 2 に対する A の固有ベクトルは,$\begin{pmatrix} 1 \\ 1 \end{pmatrix}$ だけではなく,$\begin{pmatrix} -1 \\ -1 \end{pmatrix}$,$\begin{pmatrix} 2 \\ 2 \end{pmatrix}$,$\begin{pmatrix} 3 \\ 3 \end{pmatrix}$ など無数にあることが分かる.

98   第 4 章　線形代数の応用

さらに，$\boldsymbol{x} = \begin{pmatrix} 1 \\ -1 \end{pmatrix}, \begin{pmatrix} 2 \\ -2 \end{pmatrix}, \begin{pmatrix} 3 \\ -3 \end{pmatrix}$ に対しては，それぞれ

$$A\boldsymbol{x} = \begin{pmatrix} 0 & 2 \\ 2 & 0 \end{pmatrix} \begin{pmatrix} 1 \\ -1 \end{pmatrix} = \begin{pmatrix} -2 \\ 2 \end{pmatrix} = -2 \begin{pmatrix} 1 \\ -1 \end{pmatrix} = -2\boldsymbol{x}$$

$$A\boldsymbol{x} = \begin{pmatrix} 0 & 2 \\ 2 & 0 \end{pmatrix} \begin{pmatrix} 2 \\ -2 \end{pmatrix} = \begin{pmatrix} -4 \\ 4 \end{pmatrix} = -2 \begin{pmatrix} 2 \\ -2 \end{pmatrix} = -2\boldsymbol{x}$$

$$A\boldsymbol{x} = \begin{pmatrix} 0 & 2 \\ 2 & 0 \end{pmatrix} \begin{pmatrix} 3 \\ -3 \end{pmatrix} = \begin{pmatrix} -6 \\ 6 \end{pmatrix} = -2 \begin{pmatrix} 3 \\ -3 \end{pmatrix} = -2\boldsymbol{x}$$

となるので，-2 も A の固有値である．

　体 $\mathbb{R}$ 上の 2 次元ベクトル空間 $\mathbb{R}^2$ と，2 次正方行列 $A = \begin{pmatrix} 0 & 2 \\ 2 & 0 \end{pmatrix}$ に対して，A の固有値は

$2, -2$ だけであり，それぞれの固有ベクトルは，$x \begin{pmatrix} 1 \\ 1 \end{pmatrix}, x \begin{pmatrix} 1 \\ -1 \end{pmatrix}$（ただし，$x \in \mathbb{R}, x \neq 0$）

を満たすベクトルである．この固有ベクトルは，$\begin{pmatrix} -1 \\ -1 \end{pmatrix}, \begin{pmatrix} 2 \\ 2 \end{pmatrix}, \begin{pmatrix} 3 \\ 3 \end{pmatrix}$ などいろいろあ

るため，このように記述する．$t \begin{pmatrix} 1 \\ 1 \end{pmatrix}, t \begin{pmatrix} 1 \\ -1 \end{pmatrix}$（ただし，$t \in \mathbb{R}, t \neq 0$）と書いても同じ

である．

▌例題

　2 次正方行列 A を $A = \begin{pmatrix} 9 & -3 \\ -1 & 11 \end{pmatrix}$ とするとき，A の固有値 λ とその固有ベクトル

$\boldsymbol{x} = \begin{pmatrix} x \\ y \end{pmatrix}$ を求めよ．

解

　$A\boldsymbol{x} = \lambda\boldsymbol{x}$ より，

$$\begin{pmatrix} 9 & -3 \\ -1 & 11 \end{pmatrix} \begin{pmatrix} x \\ y \end{pmatrix} = \lambda \begin{pmatrix} x \\ y \end{pmatrix}, \quad \begin{pmatrix} 9x - 3y \\ -x + 11y \end{pmatrix} = \begin{pmatrix} \lambda x \\ \lambda y \end{pmatrix}$$

となる．そして，

$$\begin{pmatrix} 9x - 3y \\ -x + 11y \end{pmatrix} - \begin{pmatrix} \lambda x \\ \lambda y \end{pmatrix} = \begin{pmatrix} (9 - \lambda)\,x - 3y \\ -x + (11 - \lambda)\,y \end{pmatrix} = \begin{pmatrix} 0 \\ 0 \end{pmatrix}$$

となり，

$$\begin{pmatrix} 9 - \lambda & -3 \\ -1 & 11 - \lambda \end{pmatrix} \begin{pmatrix} x \\ y \end{pmatrix} = \begin{pmatrix} 0 \\ 0 \end{pmatrix}$$

が得られる. $\boldsymbol{x} = \boldsymbol{0}$ 以外の解をもつ必要十分条件は,

$$\begin{vmatrix} 9 - \lambda & -3 \\ -1 & 11 - \lambda \end{vmatrix} = 0$$

であり,

$$(9 - \lambda)(11 - \lambda) - 3 = \lambda^2 - 20\lambda + 96 = 0$$

となる. この方程式の解は $\lambda = 8, 12$ である.

1) $\lambda = 8$ のとき

$$\begin{pmatrix} 9 - \lambda & -3 \\ -1 & 11 - \lambda \end{pmatrix} \begin{pmatrix} x \\ y \end{pmatrix} = \begin{pmatrix} 0 \\ 0 \end{pmatrix}$$

より

$$\begin{pmatrix} 1 & -3 \\ -1 & 3 \end{pmatrix} \begin{pmatrix} x \\ y \end{pmatrix} = \begin{pmatrix} 0 \\ 0 \end{pmatrix}$$

となる. よって, $x = 3y$ である.

したがって, 固有値 $\lambda = 8$ に対応する固有ベクトルは,

$$\boldsymbol{x} = \begin{pmatrix} x \\ y \end{pmatrix} = \begin{pmatrix} 3y \\ y \end{pmatrix} = y \begin{pmatrix} 3 \\ 1 \end{pmatrix}, \, y \in \mathbb{R}, \, y \neq 0$$

となる. すなわち, $\begin{pmatrix} -3 \\ -1 \end{pmatrix}, \begin{pmatrix} 6 \\ 2 \end{pmatrix}, \begin{pmatrix} 9 \\ 3 \end{pmatrix}$ などである.

2) $\lambda = 12$ のとき

$$\begin{pmatrix} 9 - \lambda & -3 \\ -1 & 11 - \lambda \end{pmatrix} \begin{pmatrix} x \\ y \end{pmatrix} = \begin{pmatrix} 0 \\ 0 \end{pmatrix}$$

より

$$\begin{pmatrix} -3 & -3 \\ -1 & -1 \end{pmatrix} \begin{pmatrix} x \\ y \end{pmatrix} = \begin{pmatrix} 0 \\ 0 \end{pmatrix}$$

となる. よって, $x = -y$ である.

したがって, 固有値 $\lambda = 12$ に対応する固有ベクトルは,

$$\boldsymbol{x} = \begin{pmatrix} x \\ y \end{pmatrix} = \begin{pmatrix} -y \\ y \end{pmatrix} = y \begin{pmatrix} -1 \\ 1 \end{pmatrix}, \, y \in \mathbb{R}, \, y \neq 0$$

となる.

4.1.2 固有方程式

A を n 次正方行列とし, 固有値を λ, λ に対応する固有ベクトルを $\boldsymbol{x} \neq \boldsymbol{0}$ とすると, 固有値の定義より, $A\boldsymbol{x} = \lambda\boldsymbol{x}$ である. すなわち, $A\boldsymbol{x} = \lambda I \boldsymbol{x}$ となる. したがって, $(A - \lambda I)\boldsymbol{x} = \boldsymbol{0}$ である. この式が $\boldsymbol{x} = \boldsymbol{0}$ 以外の解をもつための必要十分条件は,

$$|A - \lambda I| = 0$$

である．ここで，A を

$$A = \begin{pmatrix} a_{11} & a_{12} & \cdots & a_{1n} \\ a_{21} & a_{22} & \cdots & a_{2n} \\ \vdots & \vdots & \ddots & \vdots \\ a_{n1} & a_{n2} & \cdots & a_{nn} \end{pmatrix}$$

のように表せば

$$|A - \lambda I| = \begin{vmatrix} a_{11} - \lambda & a_{12} & \cdots & a_{1n} \\ a_{21} & a_{22} - \lambda & \cdots & a_{2n} \\ \vdots & \vdots & \ddots & \vdots \\ a_{n1} & a_{n2} & \cdots & a_{nn} - \lambda \end{vmatrix} = 0$$

となる．この行列式を展開すると，n 次方程式が得られるが，これを**固有方程式**または特性方程式と呼ぶ．したがって，固有値は固有方程式の解である．

▌例題

次の行列の固有値および，その固有ベクトルを求めよ.

$$(1) \quad A = \begin{pmatrix} 2 & 1 \\ 2 & 3 \end{pmatrix} \qquad (2) \quad A = \begin{pmatrix} 0 & 1 & 1 \\ 1 & 0 & 1 \\ 1 & 1 & 0 \end{pmatrix}$$

解

(1) 固有方程式は，$\begin{vmatrix} 2 - \lambda & 1 \\ 2 & 3 - \lambda \end{vmatrix} = 0$ より，$(2 - \lambda)(3 - \lambda) - 2 = 0$ となる．したがって，$\lambda^2 - 5\lambda + 4 = 0$ である．因数分解して，$(\lambda - 1)(\lambda - 4) = 0$ となる．よって，固有値は，$\lambda = 1, 4$ である．

i) $\lambda = 1$ のとき，固有ベクトルを $\begin{pmatrix} x \\ y \end{pmatrix}$ とすると，$\begin{pmatrix} 1 & 1 \\ 2 & 2 \end{pmatrix}\begin{pmatrix} x \\ y \end{pmatrix} = \begin{pmatrix} 0 \\ 0 \end{pmatrix}$ より，$x = -y$ となる．よって，固有値 $\lambda = 1$ の固有ベクトルは，

$$\begin{pmatrix} x \\ y \end{pmatrix} = \begin{pmatrix} -y \\ y \end{pmatrix} = y\begin{pmatrix} -1 \\ 1 \end{pmatrix}, \, y \in \mathbb{R}, \, y \neq 0$$

である．

ii) $\lambda = 4$ のとき，固有ベクトルを $\begin{pmatrix} x \\ y \end{pmatrix}$ とすると，$\begin{pmatrix} -2 & 1 \\ 2 & -1 \end{pmatrix}\begin{pmatrix} x \\ y \end{pmatrix} = \begin{pmatrix} 0 \\ 0 \end{pmatrix}$ となり，$y = 2x$ となる．よって，固有値 $\lambda = 4$ の固有ベクトルは，

$$\begin{pmatrix} x \\ y \end{pmatrix} = \begin{pmatrix} x \\ 2x \end{pmatrix} = x\begin{pmatrix} 1 \\ 2 \end{pmatrix}, \, x \in \mathbb{R}, \, x \neq 0$$

である.

(2) 固有方程式は,

$$\begin{vmatrix} -\lambda & 1 & 1 \\ 1 & -\lambda & 1 \\ 1 & 1 & -\lambda \end{vmatrix} = 0$$

となる. 3 行から 2 行を引き, さらに, 3 行で展開して,

$$\begin{vmatrix} -\lambda & 1 & 1 \\ 1 & -\lambda & 1 \\ 0 & 1+\lambda & -\lambda-1 \end{vmatrix} = -(1+\lambda)\begin{vmatrix} -\lambda & 1 \\ 1 & 1 \end{vmatrix} + (-\lambda-1)\begin{vmatrix} -\lambda & 1 \\ 1 & -\lambda \end{vmatrix} = 0$$

となる. したがって,

$$-(1+\lambda)(-\lambda-1) + (-\lambda-1)(\lambda^2-1) = 0$$

である. 変形すると,

$$(\lambda+1)^2 - (\lambda+1)(\lambda-1)(\lambda+1) = 0,$$

$$(\lambda+1)^2(2-\lambda) = 0$$

となる. したがって, $\lambda = -1, 2$ である.

i) $\lambda = -1$ のとき

$$\begin{pmatrix} 1 & 1 & 1 \\ 1 & 1 & 1 \\ 1 & 1 & 1 \end{pmatrix}\begin{pmatrix} x \\ y \\ z \end{pmatrix} = \begin{pmatrix} 0 \\ 0 \\ 0 \end{pmatrix}$$

より, $x = -y - z$ となる. したがって, 固有値 $\lambda = -1$ の固有ベクトルは,

$$\begin{pmatrix} x \\ y \\ z \end{pmatrix} = \begin{pmatrix} -y-z \\ y \\ z \end{pmatrix}, \, y \in \mathbb{R}, z \in \mathbb{R}, y \neq 0, z \neq 0$$

である.

ii) $\lambda = 2$ のとき

$$\begin{pmatrix} -2 & 1 & 1 \\ 1 & -2 & 1 \\ 1 & 1 & -2 \end{pmatrix}\begin{pmatrix} x \\ y \\ z \end{pmatrix} = \begin{pmatrix} 0 \\ 0 \\ 0 \end{pmatrix} \text{ より} \begin{cases} -2x + y + z = 0 \cdots \text{①} \\ x - 2y + z = 0 \cdots \text{②} \\ x + y - 2z = 0 \cdots \text{③} \end{cases}$$

①−② より, $-3x + 3y = 0$ となる. したがって, $x = y$ である. ③ に代入して, $2y - 2z = 0$ となる. したがって, $y = z$ となる. よって,

$$x = y = z$$

である．したがって，固有値 $\lambda = 2$ の固有ベクトルは，

$$\begin{pmatrix} x \\ y \\ z \end{pmatrix} = \begin{pmatrix} x \\ y \\ z \end{pmatrix} = x \begin{pmatrix} 1 \\ 1 \\ 1 \end{pmatrix}, x \in \mathbb{R}, x \neq 0$$

となる．

この固有値，固有ベクトルを求める Python のコードを以下に示す．

```
import sympy

A = sympy.Matrix([[2, 1], [2, 3]])

# 固有値
print(A.eigenvals())

# 固有ベクトル
print(A.eigenvects())
```

4.1.3 対角化

$A = \begin{pmatrix} 2 & 1 \\ 2 & 3 \end{pmatrix}$ の固有値は，$\lambda = 1, 4$ であった．$\lambda = 1$ の固有ベクトルの1つとして $\begin{pmatrix} -1 \\ 1 \end{pmatrix}$，$\lambda = 4$ の固有ベクトルの1つとして $\begin{pmatrix} 1 \\ 2 \end{pmatrix}$ を選び，これらを並べて $P = \begin{pmatrix} -1 & 1 \\ 1 & 2 \end{pmatrix}$ を作成する．$det P = -3$ であり，

$$P^{-1} = \frac{1}{-3} \begin{pmatrix} 2 & -1 \\ -1 & -1 \end{pmatrix} = \frac{1}{3} \begin{pmatrix} -2 & 1 \\ 1 & 1 \end{pmatrix}$$

となる．ここで，$P^{-1}AP$ を計算すると，

$$P^{-1}AP = \frac{1}{3} \begin{pmatrix} -2 & 1 \\ 1 & 1 \end{pmatrix} \begin{pmatrix} 2 & 1 \\ 2 & 3 \end{pmatrix} \begin{pmatrix} -1 & 1 \\ 1 & 2 \end{pmatrix} = \frac{1}{3} \begin{pmatrix} -2 & 1 \\ 1 & 1 \end{pmatrix} \begin{pmatrix} -1 & 4 \\ 1 & 8 \end{pmatrix}$$

$$= \frac{1}{3} \begin{pmatrix} 3 & 0 \\ 0 & 12 \end{pmatrix} = \begin{pmatrix} 1 & 0 \\ 0 & 4 \end{pmatrix}$$

となる．

このように，正則行列 P^{-1} と P を A に掛け，対角成分に A の固有値が来るように変形することを**対角化**という．対角化を行うと，A^n を簡単に求めることができる．実際，

$$P^{-1}AP = \begin{pmatrix} 1 & 0 \\ 0 & 4 \end{pmatrix}$$

の両辺を n 乗すると，

$$(P^{-1}AP)^n = P^{-1}A^n P = \begin{pmatrix} 1 & 0 \\ 0 & 4^n \end{pmatrix}$$

となり，

$$A^n = P \begin{pmatrix} 1 & 0 \\ 0 & 4^n \end{pmatrix} P^{-1} = \begin{pmatrix} -1 & 1 \\ 1 & 2 \end{pmatrix} \begin{pmatrix} 1 & 0 \\ 0 & 4^n \end{pmatrix} \frac{1}{3} \begin{pmatrix} -2 & 1 \\ 1 & 1 \end{pmatrix}$$

$$= \frac{1}{3} \begin{pmatrix} -1 & 1 \\ 1 & 2 \end{pmatrix} \begin{pmatrix} -2 & 1 \\ 4^n & 4^n \end{pmatrix} = \frac{1}{3} \begin{pmatrix} 2+4^n & -1+4^n \\ -2+2\cdot 4^n & 1+2\cdot 4^n \end{pmatrix}$$

となる．

命題 4.1.1

A を 2×2 行列とし，A の固有値を α, β とする．ここで $\alpha \neq \beta$ とし重解でないものとする．α の固有ベクトルの 1 つを $\begin{pmatrix} a \\ b \end{pmatrix}$，$\beta$ の固有ベクトルの 1 つを $\begin{pmatrix} c \\ d \end{pmatrix}$ とし，$P = \begin{pmatrix} a & c \\ b & d \end{pmatrix}$ とすると，P は正則行列となり，$P^{-1}AP = \begin{pmatrix} \alpha & 0 \\ 0 & \beta \end{pmatrix}$ となる．

命題 4.1.2

2×2 行列 A が重解の固有値 α をもつ場合，α の固有ベクトルの 1 つを $\begin{pmatrix} a \\ b \end{pmatrix}$ とし，$(A-\alpha I)\begin{pmatrix} c \\ d \end{pmatrix} = \begin{pmatrix} a \\ b \end{pmatrix}$，かつ，$\begin{pmatrix} c \\ d \end{pmatrix}$ は $\begin{pmatrix} a \\ b \end{pmatrix}$ のスカラー倍ではないように $\begin{pmatrix} c \\ d \end{pmatrix}$ を選び，$P = \begin{pmatrix} a & c \\ b & d \end{pmatrix}$ とすると，P は正則行列となり，$P^{-1}AP = \begin{pmatrix} \alpha & 1 \\ 0 & \alpha \end{pmatrix}$ となる．

同様に n 次正方行列 A が固有値 $\lambda_1, \lambda_2, \cdots, \lambda_n$ をもち，重解の固有値をもたない場合 $(i \neq j \Rightarrow \lambda_i \neq \lambda_j)$，$\lambda_i$ の固有ベクトルの 1 つを $\boldsymbol{p}_i$ とし，$\boldsymbol{p}_i$ を並べて n 次正方行列 $P = (\boldsymbol{p}_1 \boldsymbol{p}_2 \cdots \boldsymbol{p}_n)$ を生成すれば，P は正則行列となり，

$$P^{-1}AP = \begin{pmatrix} \lambda_1 & & & & 0 \\ & \lambda_2 & & & \\ & & & \ddots & \\ 0 & & & & \lambda_n \end{pmatrix}$$

とできる.

n 次正方行列 A が固有値 $\lambda_1, \lambda_2, \cdots, \lambda_n$ をもち,その中に重解を含む場合には,λ_i の固有ベクトル $\boldsymbol{p}_i$ を n 次正方行列 $P = (\boldsymbol{p}_1\, \boldsymbol{p}_2\, \cdots \boldsymbol{p}_n)$ が正則行列となるように選び,

$$P^{-1}AP = \begin{pmatrix} \lambda_1 & x & & 0 \\ & \lambda_2 & x & \\ & & \ddots & \\ 0 & & & \lambda_n \end{pmatrix} \quad (x \text{ は } 0 \text{ または } 1)$$

のような形(ジョルダン標準形)に変形できる.例えば,

$$A = \begin{pmatrix} 1 & 2 & 3 \\ 0 & 2 & 2 \\ 0 & 0 & 3 \end{pmatrix}$$

の場合,固有値は $\lambda = 1, 2, 3$ となり,$\lambda = 1$ の固有ベクトルの 1 つは $\begin{pmatrix} 1 \\ 0 \\ 0 \end{pmatrix}$,$\lambda = 2$ の固有ベクトルの 1 つは $\begin{pmatrix} 2 \\ 1 \\ 0 \end{pmatrix}$,$\lambda = 3$ の固有ベクトルの 1 つは $\begin{pmatrix} 7 \\ 4 \\ 2 \end{pmatrix}$ ととれる.

$$P = \begin{pmatrix} 1 & 2 & 7 \\ 0 & 1 & 4 \\ 0 & 0 & 2 \end{pmatrix}$$

とすると,$\det P = 2$ であり,

$$P^{-1} = \frac{1}{2} \begin{pmatrix} 2 & -4 & 1 \\ 0 & 2 & -4 \\ 0 & 0 & 1 \end{pmatrix}$$

となる.このとき,

$$P^{-1}AP = \begin{pmatrix} 1 & 0 & 0 \\ 0 & 2 & 0 \\ 0 & 0 & 3 \end{pmatrix}$$

となる.

確認問題 4.1

1. 次の行列の固有値と固有ベクトルを求めよ．ただし，固有値は実数の範囲で考えること．

(1) $A = \begin{pmatrix} 2 & 1 \\ 2 & 3 \end{pmatrix} \in M(2, \mathbb{R})$

(2) $B = \begin{pmatrix} 9 & -3 \\ -1 & 11 \end{pmatrix} \in M(2, \mathbb{R})$

(3) $C = \begin{pmatrix} -3 & 4 \\ 4 & 3 \end{pmatrix} \in M(2, \mathbb{R})$

106   第 4 章   線形代数の応用

2. 次の行列の固有値と固有ベクトルを求めよ．ただし，A については実数の範囲で，B については複素数の範囲で答えよ．

(1) $A = \begin{pmatrix} 0 & 1 & 1 \\ 1 & 0 & 1 \\ 1 & 1 & 0 \end{pmatrix} \in M(3, \mathbb{R})$

(2) $B = \begin{pmatrix} 4 & 0 & 1 \\ 5 & 4 & 3 \\ -3 & 0 & 2 \end{pmatrix} \in M(3, \mathbb{C})$

3. 次の行列を対角化せよ.

(1) $A = \begin{pmatrix} 9 & -3 \\ -1 & 11 \end{pmatrix} \in M(2, \mathbb{R})$

(2) $B = \begin{pmatrix} 1 & -1 & -1 \\ -2 & 1 & -2 \\ 2 & 1 & 4 \end{pmatrix} \in M(3, \mathbb{R})$

4.2 情報分野への線形代数の応用1

4.2.1 Web (World Wide Web)

インターネット (the Internet) とは，ネットワークとネットワークを結んで作った世界規模のネットワークを指しており，この上では，Web (World Wide Web), E-Mail, FTP, SNSなど様々なサービスが動いている．

このうち，Web について見てみると，Web は，Web ページ，Web サーバ，Web ブラウザから構成されている．Web ページは，HTML (Hyper Text Markup Language) という言語で記述されたファイルであり，Web サーバに置くことで世界中に公開される．この Web ページは，URL (Uniform Resource Locator) というアドレスによって特定される．Web サーバは，Web ブラウザからの Web ページ要求に対し，Web ページを返すソフトウェアである．Web ブラウザは，Web サーバに Web ページを要求後，Web ページを取得し，HTML を解釈して表示するソフトウェアである．図 4.1 に Web の仕組みを示す．

現在の Web ページ数は膨大な数となっている．2000 年 1 月の時点では，Web ページ総数は約 17.8 億 URL 程度であった．2005 年 1 月の時点で，110 億 URL 以上との報告もされている．2008 年 7 月には，一兆以上の URL を把握しているとの発表もあり，この膨大な量の Web ページの中から自分の必要な Web ページを検索するためのサーチエンジン（Web からの情報検索サービス）が重要となっている．

4.2.2 ロボット型サーチエンジン

サーチエンジンは，ディレクトリ型とロボット型の 2 種類に大別されていたが，URL 総数は急激に増え続け，膨大な量となったため，手作業で分類するディレクトリ型サーチエンジンは限界となり，現在ではロボット型サーチエンジンが主流となっている．

ロボット型サーチエンジンの特徴としては，ソフトウェアで Web ページを自動収集すること，検索語を与えると検索語に適した Web ページを返すこと，ディレクトリ型に比べ扱う Web ページの量が多いため，検索語に対し膨大な検索結果が返ってきた際に，良い Web ページを得やすくするためのランキングを行うことなどが挙げられる．

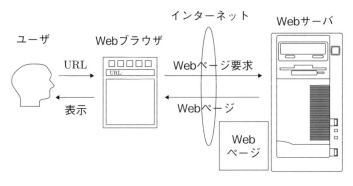

図 4.1　Web の仕組み

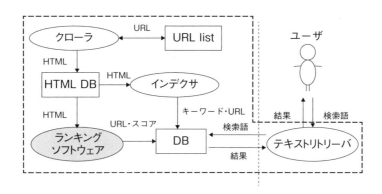

図 4.2 ロボット型サーチエンジンの構成

　ランキングとは，収集した Web ページに対し，ある観点からスコアを付与しそのスコアに基づいて Web ページに順位付けをすることを指しており，このランキングの善し悪しが，サーチエンジンの善し悪しを決定するといえるほど，重要なものとなっている．

　ロボット型サーチエンジンは，クローラ，インデクサ，テキストリトリーバ，ランキングソフトウェアから構成される．クローラは，インターネット上に存在する Web ページを収集するソフトウェアである．インデクサは，収集した Web ページに対し索引付けを行い，整理するソフトウェアである．また，テキストリトリーバは，与えられた検索語をもとに結果を返すソフトウェアであり，ランキングソフトウェアは Web ページのランキングを行うソフトウェアである．図 4.2 にこのロボット型サーチエンジンの構成を示す．

　クローラは，URL list から URL を選び，Web サーバから HTML ファイルを取得し HTML DB に格納する．この際，取得した HTML ファイルから，未知のリンクを抽出し，URL list に追加する．

　インデクサは，HTML DB から HTML ファイルを取り出し，タグを取り除き，テキスト部分を抽出する．抽出したテキスト部分に対し，形態素解析などを行い，単語を切り出してキーワードとして索引付け，キーワードと URL を DB に格納する．

　ここで形態素とは，日本語においてそれ以上分解すると意味がなくなってしまうような最小の単位のことであり，自然言語処理では，形態素解析という処理により，接着文である日本語テキストを形態素に分解する．

例

「来られないようだが」を形態素解析すると以下のようになる．

来	コ	来る	動詞–自立
られ	ラレ	られる	動詞–接尾
ない	ナイ	ない	助動詞　特殊・ナイ
よう	ヨウ	よう	名詞–非自立–助動詞語幹
だ	ダ	だ	助動詞　特殊・ダ
が	ガ	が	助詞–接続助詞

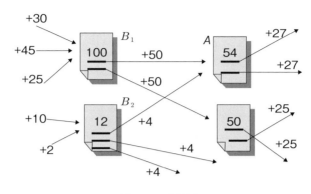

図 4.3 計算例

　テキストリトリーバは，ユーザから与えられた検索語と，DB内のキーワードを比較し，適合したURLとランキングのスコアを取得後，検索結果として返す．

　ランキングソフトウェアで用いられるランキング手法としては，TF・IDF法，Link Popularity，PageRank，HITSなどが知られている．TF・IDF法は，単語の出現頻度 (Term Frequency) とその単語の出現する文書数 (Inverted Document Frequency) を組み合わせて，単語の重要度を決定する方法である．TF・IDF法は，本来単語の重要度を決定する方法であるが，Webページ内の特徴語をTF・IDF法により決定し，その重要度を計算しておけば，その特徴語で検索された場合に，特徴語を含むWebページを重要度順に並び替え，検索結果として提示することによりランキングが行える．Link Popularityは，多くのWebページからリンクされているWebページを重要なWebページとみなし，Webページのスコアを決定する方法である．PageRankは，良質なWebページから厳選されたリンクによってリンクされているWebページを良質なWebページとみなし，Webページのスコアを決定する方法である．HITSは，オーソリティ度とハブ度に基づき，Webページのスコアを決定する方法である．

4.2.3　ランキング手法による計算例

　WebページAのPageRankを求めるには，WebページAにリンクを張っているすべてのWebページ $(B_1, B_2, \cdots, B_k)$ について考察し，それぞれのWebページ $(B_1, B_2, \cdots, B_k)$ のPageRankをそのWebページから出ているリンク数 (*outdegree*) で割ったものの総和をとる．

　PageRankは，単純な意味での人気度の指標として，自分へのリンク数（被リンク数）を考慮している．加えて，裏付けのある人気かどうかの指標として，重要なWebページからのリンクかどうかを反映している．また，選び抜かれた人気かどうかの指標として，リンク元のWebページから出ているリンクの数も考慮するといった特徴をもっている．

PageRank の計算式：

Web ページ A の PageRank $R_n(A)$ は以下の式により求める．

$$R_n(A) = \frac{\varepsilon}{N} + (1-\varepsilon)\sum_{x \in X_A}\frac{R_{n-1}(x)}{outdegree(x)}$$

ただし，X_A は A へリンクを張っている Web ページの集合，$outdegree(x)$ は Web ページ x から出ているリンクの数，$R_n(x)$ は Web ページ x の PageRank，N は対象 Web ページの総数，ε はランダムサーファーモデルと呼ばれる定数で，0.1〜0.2 の範囲の値とする．

実際に計算する際には，すべての Web ページに対し，PageRank の初期値を決め（例えばすべて 1 など），前述の計算式を繰り返し実行する．

例

Web ページ間のリンクを矢印で結んだものを Web グラフと呼ぶ．Web グラフが図 4.4 の状態の場合，Web ページ A, B の PageRank（それぞれ $R_n(A), R_n(B)$）を，初期値を 1 ($R_0(A) = 1, R_0(B) = 1$)，$\varepsilon = 0.1$ として求める．

A へリンクを張っている Web ページの集合 X_A は，$X_A = \{A, B\}$ である．B へリンクを張っている Web ページの集合 X_B は，$X_B = \{A\}$ となる．Web ページ A から出ているリンクの数 $outdegree(A)$ は $outdegree(A) = 2$ となり，Web ページ B から出ているリンクの数 $outdegree(B)$ は $outdegree(B) = 1$ となる．対象 Web ページの総数 N は，$N = 2$ である．$\varepsilon = 0.1$ であったので，$R_n(A)$ は以下の計算式により求められる．

$$\begin{aligned}R_n(A) &= \frac{\varepsilon}{N} + (1-\varepsilon)\sum_{x \in X_A}\frac{R_{n-1}(x)}{outdegree(x)} = \frac{0.1}{2} + (1-0.1)\sum_{x \in \{A,B\}}\frac{R_{n-1}(x)}{outdegree(x)} \\ &= 0.05 + 0.9 \times \left(\frac{R_{n-1}(A)}{outdegree(A)} + \frac{R_{n-1}(B)}{outdegree(B)}\right) \\ &= 0.05 + 0.9 \times \left(\frac{R_{n-1}(A)}{2} + R_{n-1}(B)\right) \\ &= 0.05 + 0.45 \times R_{n-1}(A) + 0.9 \times R_{n-1}(B)\end{aligned}$$

同様に $R_n(B)$ も以下の計算式により求める．

図 4.4　Web グラフ

112   第 4 章　線形代数の応用

$$R_n(B) = \frac{\varepsilon}{N} + (1-\varepsilon) \sum_{x \in X_B} \frac{R_{n-1}(x)}{outdegree(x)} = \frac{0.1}{2} + (1-0.1) \sum_{x \in \{A\}} \frac{R_{n-1}(x)}{outdegree(x)}$$

$$= 0.05 + 0.9 \times \left(\frac{R_{n-1}(A)}{outdegree(A)} \right) = 0.05 + 0.9 \times \left(\frac{R_{n-1}(A)}{2} \right)$$

$$= 0.05 + 0.45 \times R_{n-1}(A)$$

以上より，初期値

$$\begin{cases} R_0(A) = 1 \\ R_0(B) = 1 \end{cases}$$

に対して，$R_1(A)$, $R_1(B)$ を計算する．

$$R_1(A) = 0.05 + 0.45 \times R_0(A) + 0.9 \times R_0(B) = 0.05 + 0.45 \times 1 + 0.9 \times 1 = 1.4$$

$$R_1(B) = 0.05 + 0.45 \times R_0(A) = 0.05 + 0.45 \times 1 = 0.5$$

とする．次に，

$$\begin{cases} R_1(A) = 1.4 \\ R_1(B) = 0.5 \end{cases}$$

に対して，$R_2(A)$, $R_2(B)$ を計算する．

$$R_2(A) = 0.05 + 0.45 \times R_1(A) + 0.9 \times R_1(B) = 0.05 + 0.45 \times 1.4 + 0.9 \times 0.5 = 1.13$$

$$R_2(B) = 0.05 + 0.45 \times R_1(A) = 0.05 + 0.45 \times 1.4 = 0.68$$

再び，

$$\begin{cases} R_2(A) = 1.13 \\ R_2(B) = 0.68 \end{cases}$$

として，$R_3(A)$, $R_3(B)$ を計算する．以下繰り返し，

$$\begin{cases} R_3(A) = 1.1705 \\ R_3(B) = 0.5585 \end{cases} \quad \begin{cases} R_4(A) = 1.079375 \\ R_4(B) = 0.576725 \end{cases} \quad \begin{cases} R_5(A) = 1.05477125 \\ R_5(B) = 0.53571875 \end{cases}$$

$$\begin{cases} R_6(A) = 1.006793938 \\ R_6(B) = 0.524647063 \end{cases} \quad \begin{cases} R_7(A) = 0.975239628 \\ R_7(B) = 0.503057272 \end{cases} \quad \begin{cases} R_8(A) = 0.941609377 \\ R_8(B) = 0.488857833 \end{cases}$$

$$\dots \quad \begin{cases} R_{157}(A) = 0.655172496 \\ R_{157}(B) = 0.344827627 \end{cases}$$

となる．よって，$R(A) = \lim_{n \to \infty} R_n(A) = 0.655172 \fallingdotseq 0.66$, $R(B) = \lim_{n \to \infty} R_n(A) = 0.344828 \fallingdotseq 0.34$ となる．

4.2.4 行列で計算

同じ PageRank の計算を, 行列, 固有値, 固有ベクトルを用いて行う. n 個の Web ページ $A_1, A_2, \cdots, A_n$ からなる Web グラフ G が与えられたとき, A_i から A_j へのリンクがある場合に $a_{ij} = 1$, リンクがない場合に $a_{ij} = 0$ となるような $n \times n$ 行列

$$\begin{pmatrix} a_{11} & a_{12} & \cdots & a_{1n} \\ a_{21} & a_{22} & \cdots & a_{2n} \\ \vdots & \vdots & \ddots & \vdots \\ a_{n1} & a_{n1} & \cdots & a_{nn} \end{pmatrix}$$

を考える. これを G の隣接行列と呼ぶ. Web グラフが図 4.5 の状態の場合, その隣接行列は $\begin{pmatrix} 1 & 1 \\ 1 & 0 \end{pmatrix}$ となる.

まず, Web グラフ G が与えられた場合, その隣接行列 Z を求める. そして, 隣接行列 Z の転置行列 ${}^t Z$ を求める. ${}^t Z$ の各列ごとに, 列の成分の総和が 0 になるように, 列内の非零成分の個数で各成分を割り, 新しい行列 T を作成する. T の固有値のうち, 絶対値が最大の固有値の固有ベクトルを求める. この固有ベクトルの各成分の総和が 1 となるようにする. このときの固有ベクトルの各成分がそれぞれの PageRank となる.

例

上述の Web グラフ G の隣接行列 Z を求めると,

$$Z = \begin{pmatrix} 1 & 1 \\ 1 & 0 \end{pmatrix}$$

となり, その隣接行列 Z の転置行列 ${}^t Z$ を求めると,

$${}^t Z = \begin{pmatrix} 1 & 1 \\ 1 & 0 \end{pmatrix}$$

となる. ${}^t Z$ の各列ごとに, 列の成分の総和が 1 になるように, 列内の非零成分の個数で各成分を割り, 新しい行列 T を作成すると,

$$T = \begin{pmatrix} \frac{1}{2} & 1 \\ \frac{1}{2} & 0 \end{pmatrix}$$

図 4.5 Web グラフと隣接行列

114　第 4 章　線形代数の応用

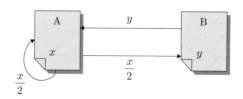

図 4.6 PageRank の値の流れ

となる．よって
$$trT = \frac{1}{2},\ detT = -\frac{1}{2}$$
となる．したがって，T の固有方程式は，$x^2 - (trT)\,x + detT = 0$ より，$x^2 - x/2 - 1/2 = 0$ となる．$(2x+1)(x-1) = 0$, したがって，固有値は，$x = -1/2, 1$ である．

絶対値が最大の固有値は 1 なので，1 の固有ベクトルを求める．

$$\begin{pmatrix} \frac{1}{2} & 1 \\ \frac{1}{2} & 0 \end{pmatrix} \begin{pmatrix} x \\ y \end{pmatrix} = \begin{pmatrix} x \\ y \end{pmatrix}$$

より，
$$\begin{cases} \frac{1}{2}x + y = x \\ \frac{1}{2}x = y \end{cases}$$

となる．したがって，$x = 2y$. よって，$x = 2, y = 1$ として固有ベクトルは $\begin{pmatrix} 2 \\ 1 \end{pmatrix}$ となる．この固有ベクトルの各成分の総和が 1 となるようにすると，$\begin{pmatrix} 2/3 \\ 1/3 \end{pmatrix} = \begin{pmatrix} 0.66666 \\ 0.33333 \end{pmatrix}$ となる．このときの固有ベクトルの各成分がそれぞれの PageRank となる．したがって，A の PageRank は 0.66666, B の PageRank 0.33333 である．

Web ページ A, B の PageRank を x, y とし，リンクの数で割ってリンク上に表現すると図 4.6 のようになる．これから，

$$\begin{cases} x = \frac{1}{2}x + y \\ y = \frac{1}{2}x \end{cases} \Leftrightarrow \begin{pmatrix} x \\ y \end{pmatrix} = \begin{pmatrix} \frac{1}{2} & 1 \\ \frac{1}{2} & 0 \end{pmatrix} \begin{pmatrix} x \\ y \end{pmatrix} \Leftrightarrow \begin{pmatrix} \frac{1}{2} & 1 \\ \frac{1}{2} & 0 \end{pmatrix} \begin{pmatrix} x \\ y \end{pmatrix} = \begin{pmatrix} x \\ y \end{pmatrix}$$

となり，x, y が行列 $\begin{pmatrix} 1/2 & 1 \\ 1/2 & 0 \end{pmatrix}$ の固有値 1 の固有ベクトルになっていることが分かる．

4.3 情報分野への線形代数の応用２

4.3.1 暗号での利用

暗号化

文字を暗号化するために文字に番号を与える．文字コードの例を図 4.7 に示す．

次に，暗号化に利用する鍵として正則行列を準備する（鍵行列）．鍵として使用する正則行列の例を以下に示す．

$$C = \begin{pmatrix} 2 & 0 & 1 \\ 1 & 0 & 1 \\ 0 & 1 & 0 \end{pmatrix}$$

上で示した正則行列を利用して "BILA KOCKA" (white cat) を暗号化したい．スペースの文字コードは 27 である．

ここで，鍵行列は 3 次正方行列なので数字メッセージを以下のように 3 次元ベクトルに分割する．

$$\begin{pmatrix} 7 \\ 4 \\ 3 \end{pmatrix} \begin{pmatrix} 8 \\ 27 \\ 11 \end{pmatrix} \begin{pmatrix} 6 \\ 5 \\ 11 \end{pmatrix} \begin{pmatrix} 8 \\ 27 \\ 27 \end{pmatrix}$$

上記ベクトル（平文行列）を以下のように行列として書く．

A	B	C	D	E	F	G	H	I	J	K	L	M	N
8	7	5	13	19	16	18	22	4	23	11	3	21	1

O	P	Q	R	S	T	U	V	W	X	Y	Z	
6	15	12	19	2	14	17	20	25	24	10	26	27

図 4.7　文字コードの例

B	I	L	A		K	O	C	K	A
7	4	3	8	27	11	6	5	11	8

図 4.8　暗号化する文字列の例

B	I	L	A		K	O	C	K	A
7	4	3	8	27	11	6	5	11	8

$$\begin{pmatrix} 7 \\ 4 \\ 3 \end{pmatrix} \qquad \begin{pmatrix} 8 \\ 27 \\ 11 \end{pmatrix} \qquad \begin{pmatrix} 6 \\ 5 \\ 11 \end{pmatrix} \qquad \begin{pmatrix} 8 \\ 27 \\ 27 \end{pmatrix}$$

図 4.9　メッセージの 3 次元ベクトルでの表現

116　第 4 章　線形代数の応用

$$A = \begin{pmatrix} 7 & 8 & 6 & 8 \\ 4 & 27 & 5 & 27 \\ 3 & 11 & 11 & 27 \end{pmatrix}$$

そして，暗号文（暗号文行列 Z）は以下のように行列の積 $Z = CA$ で求める．

$$Z = \begin{pmatrix} 2 & 0 & 1 \\ 1 & 0 & 1 \\ 0 & 1 & 0 \end{pmatrix} \begin{pmatrix} 7 & 8 & 6 & 8 \\ 4 & 27 & 5 & 27 \\ 3 & 11 & 11 & 27 \end{pmatrix} = \begin{pmatrix} 17 & 27 & 23 & 43 \\ 10 & 19 & 17 & 35 \\ 4 & 27 & 5 & 27 \end{pmatrix} \text{（これが暗号文行列）}$$

各列が暗号文で，$17, 10, 4, 27, 19, \cdots, 27$ を送信する．

復号化

　鍵行列の逆行列を求める．

$$C = \begin{pmatrix} 2 & 0 & 1 \\ 1 & 0 & 1 \\ 0 & 1 & 0 \end{pmatrix} \text{ の逆行列は } \quad C^{-1} = \begin{pmatrix} 1 & -1 & 0 \\ 0 & 0 & 1 \\ -1 & 2 & 0 \end{pmatrix}$$

これが復号化するための鍵（復号化する行列）となる．

　暗号文 $17, 10, 4, 27, 19, \cdots, 27$ を受け取った利用者は以下の行列に書き換える．

$$Z = \begin{pmatrix} 17 & 27 & 23 & 43 \\ 10 & 19 & 17 & 35 \\ 4 & 27 & 5 & 27 \end{pmatrix}$$

そして，復号化するため以下の行列の積を求める．

$$C^{-1}Z = \begin{pmatrix} 1 & -1 & 0 \\ 0 & 0 & 1 \\ -1 & 2 & 0 \end{pmatrix} \begin{pmatrix} 17 & 27 & 23 & 43 \\ 10 & 19 & 17 & 35 \\ 4 & 27 & 5 & 27 \end{pmatrix} = \begin{pmatrix} 7 & 8 & 6 & 8 \\ 4 & 27 & 5 & 27 \\ 3 & 11 & 11 & 27 \end{pmatrix} = A \text{（平文行列）}$$

平文行列

$$A = \begin{pmatrix} 7 & 8 & 6 & 8 \\ 4 & 27 & 5 & 27 \\ 3 & 11 & 11 & 27 \end{pmatrix}$$

からテーブルを利用して，もとの平文 "BILA KOCKA" に変換する（図 4.10）．

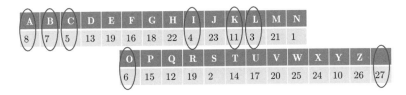

図 4.10　復号化

4.3.2　グラフ理論での利用

グラフ

　グラフ (Graph) 理論におけるグラフの表現，操作などは線形代数を利用する．このグラフ理論は，電気工学，コンピュータプログラミング，ネットワーキングなど様々なところに活用されており，具体的には，例えば，ゴミ収集経路探索，郵便物配達経路探索，水道のパイプ配置などで利用されている．

　グラフは有限個のノード（頂点，vertex, node）とエッジ（辺，関係，edge）で生成される．ノードをエッジでつなぎ表現する．図 4.11 のグラフでは，ノードが $P_1, P_2, P_3, P_4, P_5, P_6, P_7$ となっており，エッジは $(P_1, P_2), (P_1, P_7), \cdots$ である．

経路 (Path)

　あるノードからあるノードまで行くことができる方法を経路と呼ぶ．例えば，P_1 から P_3 までの経路は $P_1 \to P_7 \to P_3$ であり 2 ステップで行くことができる．この際，同じノードに行く他の経路も存在する．

グラフの行列表現

　ノードが $P_1, P_2, \cdots, P_n$ であるグラフは $n \times n$ 行列 $A = (a_{ij})$ で表す．ただし，成分 a_{ij} は以下により決定する．

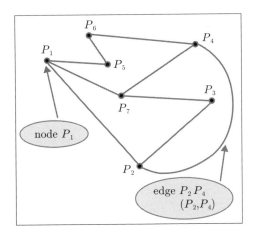

図 4.11　グラフ

$$a_{ij} = \begin{cases} 1 & \textit{if there is an edge from}\, P_i \,\textit{to}\, P_j \\ 0 & \textit{otherwise} \end{cases}$$

このようにグラフを表現した行列を**隣接行列** (adjacency matrix) と呼ぶ．図 4.12 の隣接行列を以下に示す．

$$M = \begin{array}{c} \\ p_1 \\ p_2 \\ p_3 \\ p_4 \\ p_5 \\ p_6 \\ p_7 \end{array} \begin{array}{c} p_1\ p_2\ p_3\ p_4\ p_5\ p_6\ p_7 \\ \begin{bmatrix} 0 & 1 & 0 & 0 & 1 & 0 & 1 \\ 1 & 0 & 1 & 1 & 0 & 0 & 0 \\ 0 & 1 & 0 & 0 & 0 & 0 & 1 \\ 0 & 1 & 0 & 0 & 0 & 1 & 1 \\ 1 & 0 & 0 & 0 & 0 & 1 & 0 \\ 0 & 0 & 0 & 1 & 1 & 0 & 0 \\ 1 & 0 & 1 & 1 & 0 & 0 & 0 \end{bmatrix} \end{array}$$

ノードからノードまでの r ステップの経路の個数

ノード P_i からノード P_j $(i \neq j)$ までの r ステップの経路の個数を (i,j) 成分とする行列は，隣接行列 M を用いて M^r を計算することにより求めることができる．ノード P_2 からノード P_7 までの 2 ステップの経路は 3 個あり，M^2 の $(2,7)$ 成分の値は 3 となっている．ノード P_1 からノード P_5 までの 2 ステップの経路は 0 個であり，M^2 の $(1,5)$ 成分の値は 0 となっている．(i,i) 成分は r ステップの経路の個数とは関係がない．例えば M^2 の $(1,1)$ 成分の値は 3 となっているが，これは，2 ステップの経路の個数とは関係がない．3 ステップの経路の個数を求める場合には，M^3 を計算する．

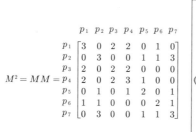
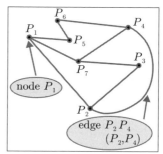

図 4.12　2 ステップの経路の個数と M^2

確認問題解答

1.1

1. 集合 $\{1, 2, 3\}$ を内包的記法で表せ.

$\{x \mid x = 1, 2, 3\}$

2. 次の集合を外延的記法で表せ. (空集合は ϕ と書くこと.)

(1) $\left\{x \mid x \in \mathbb{C}, \, x^6 = 1\right\}$

$$x^6 - 1 = \left(x^3 - 1\right)\left(x^3 + 1\right) = (x - 1)\left(x^2 + x + 1\right)(x + 1)\left(x^2 - x + 1\right)$$

よって $x^6 - 1 = 0$ より $x = \pm 1, \dfrac{-1 \pm \sqrt{3}i}{2}, \dfrac{1 \pm \sqrt{3}i}{2}$.

よって $\left\{1, -1, \dfrac{-1 + \sqrt{3}i}{2}, \dfrac{-1 - \sqrt{3}i}{2}, \dfrac{1 + \sqrt{3}i}{2}, \dfrac{1 - \sqrt{3}i}{2}\right\}$.

(2) $\left\{x \mid x \in \mathbb{R}, i\left(x + i\right)^4 \in \mathbb{R}\right\}$　　　(ヒント: $i^2 = -1, \, a + bi \in \mathbb{R} \Longrightarrow b = 0$)

$$\begin{aligned}
i\left(x + i\right)^4 &= i\left(x + i\right)^2\left(x + i\right)^2 = i\left(x^2 + 2ix - 1\right)\left(x^2 + 2ix - 1\right) \\
&= i\left(x^4 + 2ix^3 - x^2 + 2ix^3 - 4x^2 - 2ix - x^2 - 2ix + 1\right) \\
&= i\left(x^4 + 4ix^3 - 6x^2 - 4ix + 1\right) \\
&= \left(-4x^3 + 4x\right) + \left(x^4 - 6x^2 + 1\right)i
\end{aligned}$$

$i\left(x + i\right)^4 \in \mathbb{R}$ より,

$$x^4 - 6x^2 + 1 = 0, x^2 = 3 \pm \sqrt{9 - 1} = 3 \pm \sqrt{8} = 3 \pm 2\sqrt{2} = \left(1 \pm \sqrt{2}\right)^2$$

よって $x = \pm\left(1 \pm \sqrt{2}\right)$. よって $\left\{1 + \sqrt{2}, 1 - \sqrt{2}, -1 - \sqrt{2}, -1 + \sqrt{2}\right\}$.

(3) $\left\{z \mid z \in \mathbb{Z}, 0.1 \leq 2^z \leq 100\right\}$

$1/10 \leq 2^z \leq 100$ より, $-3 \leq z \leq 6$. よって $\{-3, -2, -1, 0, 1, 2, 3, 4, 5, 6\}$.

(4) $\left\{n \mid n \in \mathbb{N}, i^n = -1\right\}$

$i^1 = i, i^2 = -1, i^3 = -i, i^4 = 1, i^5 = i, i^6 = -1, \cdots$

$\{2, 6, 10, \cdots, 4n - 2, \cdots\}$

(5) $\left\{n \mid n \in \mathbb{N}, i^{2n} = i\right\}$

$n = 1, 2, 3, \cdots$ と動くとき, $i^{2n} = -1, 1, -1, 1, \cdots$ となり i にはならない.

よって, ϕ となる.

120 　確認問題解答

3. $\mathbb{Q}\left(\sqrt{2}\right)=\left\{a+b\sqrt{2}\,\middle|\,a,b\in\mathbb{Q}\right\}$ とする ($\left\{a+b\sqrt{2}\,\middle|\,a,b\in\mathbb{Q}\right\}$ という集合を，$\mathbb{Q}\left(\sqrt{2}\right)$ という記号で表すという意味). このとき次の (1),(2) を示せ.

(1) $x\in\mathbb{Q}\left(\sqrt{2}\right),\,y\in\mathbb{Q}\left(\sqrt{2}\right)\Longrightarrow x+y\in\mathbb{Q}\left(\sqrt{2}\right),\,x-y\in\mathbb{Q}\left(\sqrt{2}\right),\,xy\in\mathbb{Q}\left(\sqrt{2}\right)$

$x=a+b\sqrt{2},\,y=a'+b'\sqrt{2},\,a,b,a',b'\in\mathbb{Q}$ とする. このとき，$x+y=\left(a+b\sqrt{2}\right)+\left(a'+b'\sqrt{2}\right)=(a+a')+(b+b')\sqrt{2}$ であり，$a+a'\in\mathbb{Q},b+b'\in\mathbb{Q}$ なので $x+y\in\mathbb{Q}\left(\sqrt{2}\right)$. 同じく $x-y$ に対しても $x-y=(a-a')+(b-b')\sqrt{2}$ で，$a-a',b-b'\in\mathbb{Q}$ なので，$x-y\in\mathbb{Q}\left(\sqrt{2}\right)$. $xy=\left(a+b\sqrt{2}\right)\left(a'+b'\sqrt{2}\right)=(aa'+2bb')+(ab'+a'b)\sqrt{2}$ で，$aa'+2bb',\,ab'+a'b\in\mathbb{Q}$ なので $xy\in\mathbb{Q}\left(\sqrt{2}\right)$.

(2) $x\in\mathbb{Q}\left(\sqrt{2}\right),\,x\neq0\Longrightarrow x^{-1}\in\mathbb{Q}\left(\sqrt{2}\right)$

$x=a+b\sqrt{2},\,a\neq0,\,b\neq0$ とする. このとき $x^{-1}=\dfrac{1}{a+b\sqrt{2}}=\dfrac{a-b\sqrt{2}}{a^2-2b^2}=\dfrac{a}{a^2-2b^2}-\dfrac{b}{a^2-2b^2}\sqrt{2}$. $a,b\in\mathbb{Q}$ なので $\dfrac{a}{a^2-2b^2},\,-\dfrac{b}{a^2-2b^2}\in\mathbb{Q}$. よって $x^{-1}\in\mathbb{Q}\left(\sqrt{2}\right)$.

4. $\mathbb{Z}\left[\sqrt{2}\right]=\left\{a+b\sqrt{2}\,\middle|\,a,b\in\mathbb{Z}\right\}$ とするとき，上述の (1),(2) は成立するか. 理由とともに答えよ.

3 と同様に，$x,y\in\mathbb{Z}\left[\sqrt{2}\right]$ なら $x+y,\,x-y,\,xy\in\mathbb{Z}\left[\sqrt{2}\right]$ となり (1) は成立する. しかし，$x=a+b\sqrt{2}\in\mathbb{Z}\left[\sqrt{2}\right],\,a\neq0,\,b\neq0$ とするとき，$\dfrac{a}{a^2-2b^2}\in\mathbb{Z},\,-\dfrac{a}{a^2-2b^2}\in\mathbb{Z}$ とはかぎらない. したがって $x^{-1}\in\mathbb{Z}\left[\sqrt{2}\right]$ は常には成立しない.

1.2

1. $A=\{1,2,3,4,5\}$，$B=\{3,5,7,9\}$ とする.

(1) $A\cup B$ を求めよ.

$A\cup B=\{1,2,3,4,5,7,9\}$

(2) $A\cap B$ を求めよ.

$A\cap B=\{3,5\}$

(3) $A-B$ を求めよ.

$A-B=\{1,2,4\}$

(4) $A\times B$ を求めよ.

$A\times B=\{(1,3),(1,5),(1,7),(1,9),$

$(2,3),(2,5),(2,7),(2,9),$

$(3,3),(3,5),(3,7),(3,9),$

$$(4,3),(4,5),(4,7),(4,9),$$
$$(5,3),(5,5),(5,7),(5,9)\}$$

2. ベン図を用いて $(A \cup B) \cap (A \cup B^C)$ を簡単にせよ.

$$(A \cup B) \cap (A \cup B^C) = A$$

3. 実数全体のなす集合 $\mathbb{R}$ の直積集合 $\mathbb{R} \times \mathbb{R}$ を考える. この直積集合を記号 $\mathbb{R}^2$ で表すとき, $\mathbb{R}^2$ を内包的記法で表現せよ.

$$\mathbb{R}^2 = \{(x, y) \mid x, y \in \mathbb{R}\}$$

4. 複素数全体のなす集合 $\mathbb{C}$ の直積集合 $\mathbb{C} \times \mathbb{C} \times \mathbb{C}$ を考える. この直積集合を記号 $\mathbb{C}^3$ で表すとき, $\mathbb{C}^3$ を内包的記法で表現せよ.

$$\mathbb{C}^3 = \{(x, y, z) \mid x, y, z \in \mathbb{C}\}$$

1.3

1. 写像の定義を述べよ.
   2つの集合 A, B において, A の各元（要素）に対して B のある1つの元が対応しているとき, このような対応を集合 A から集合 B への写像といい, $f : A \to B$ と書く.

2. 写像の定義域と値域とは何か簡単に説明せよ.
   A, B を集合, f を A から B への写像 $f : A \to B$ とするとき, 集合 A を写像 f の定義域といい, 写像 f による A の元の像全体のなす集合を f による A の値域という.

3. 単射および全射の定義を述べよ.
   A, B を集合, f を写像 $f : A \to B$ とする.
   f が単射 $\Leftrightarrow \forall a_1, a_2 \in A$ に対して $a_1 \neq a_2 \Rightarrow f(a_1) \neq f(a_2)$.
   f が全射 $\Leftrightarrow \forall b \in B$ に対して $\exists a \in A$ s.t. $f(a) = b$. $(f(A) = B.)$

4. 以下の写像 $f_1 \sim f_5$ に対して単射, 全射, 全単射なものを答えよ.
   （ただし, $\mathbb{R}$ から $\mathbb{R}$ への写像とする. 証明はしなくてよい.）

$$f_1(x) = x+1 \quad \text{全単射}$$
$$f_2(x) = x^3 \quad \text{全単射}$$
$$f_3(x) = x^3 - x \quad \text{全射, 単射ではない.}$$
$$f_4(x) = e^x \quad \text{単射, } f_4 : \mathbb{R} \to \mathbb{R} \text{ なので全射でない.}$$
$$f_5(x) = x^2 \quad \text{単射でない. } f_5 : \mathbb{R} \to \mathbb{R} \text{ なので全射でない.}$$

単射：$f_1(x), f_2(x), f_4(x)$

全射：$f_1(x), f_2(x), f_3(x)$

全単射：$f_1(x), f_2(x)$

5. $\mathbb{R}^+ = \{x \in \mathbb{R} \mid x > 0\}$ のとき $f(x) = 2^x$ によって定義される写像 $f : \mathbb{R} \to \mathbb{R}^+$ は全単射であることを示せ. また, その逆写像を求めよ.

全射性：$\forall b \in \mathbb{R}^+$ に対して $\log_2 b \in \mathbb{R}$ を考えると, $f(\log_2 b) = 2^{\log_2 b} = b$ となる. したがって全射.

単射性：$\forall x_1, x_2 \in \mathbb{R}$ に対して, $2^{x_1} = 2^{x_2}$ とすると $x_1 = x_2$. よって単射.

逆写像は $f^{-1}(x) = \log_2 x$. 実際, $f \circ f^{-1}(x) = f(f^{-1}(x)) = f(\log_2 x) = 2^{\log_2 x} = x$ となる.

6. $\mathbb{R}$ から $\mathbb{R}$ への写像 f, g を $f(x) = x^2$, $g(x) = x+1$ によって定義するとき, $f \circ g \neq g \circ f$ であることを示せ.

$$f \circ g(x) = f(g(x)) = (x+1)^2 = x^2 + 2x + 1$$
$$g \circ f(x) = g(f(x)) = x^2 + 1$$

よって, $f \circ g \neq g \circ f$ である.

1.4

1. $\phi(12)$ を求めよ.
$$\phi(12) = \phi(2^2)\phi(3) = 2^2\left(1 - \frac{1}{2}\right)(3-1) = 4 \cdot \frac{1}{2} \cdot 2 = 4$$

2. $(\mathbb{Z}/17\mathbb{Z})^{\times}$ の要素数を求めよ.
$$\phi(17) = 17 - 1 = 16$$

3. 群の定義を正確に述べ, 群の例を 1 つ以上示せ.

G を空でない集合とし, G には演算 $\cdot$ が定義されているとする.

G が群 $\overset{def}{\Longleftrightarrow}$ G に対して次の (1)~(3) が成立.

(1) $^{\forall}a, b, c \in G$ に対して $(ab) \cdot c = a(bc)$ （結合法則）

(2) $^{\exists}e \in G \, s.t. \, ^{\forall}a \in G$ に対して $a \cdot e = e \cdot a = a$ （単位元の存在）

(3) $^{\forall}a \in G$ に対して $^{\exists}x \in G \, s.t. \, a \cdot x = x \cdot a = e$ （逆元の存在）

群の例：$(\mathbb{Z}, +)$, $(\mathbb{Q}^{\times}, \times)$, $\left((\mathbb{Z}/m\mathbb{Z})^{\times}, \cdot\right)$

4. 定義に従い $(\mathbb{Z}/7\mathbb{Z})^{\times}$ が群となることを示せ.

$(\mathbb{Z}/7\mathbb{Z})^{\times}$ は空でない集合であり $(\mathbb{Z}/7\mathbb{Z})^{\times} \ni {}^{\forall}\bar{a}, \bar{b}$ に対して $\bar{a} \cdot \bar{b} = \overline{ab}$ という演算が定義されている. また, 次の (1)〜(3) が成立する.

(1) ${}^{\forall}\bar{a}, \bar{b}, \bar{c} \in (\mathbb{Z}/7\mathbb{Z})^{\times}$ に対して $(\bar{a} \cdot \bar{b}) \cdot \bar{c} = \overline{ab} \cdot \bar{c} = \overline{abc} = \bar{a} \cdot \overline{bc} = \bar{a} \cdot (\bar{b} \cdot \bar{c})$

(2) $\bar{1} \in (\mathbb{Z}/7\mathbb{Z})^{\times}$ と ${}^{\forall}\bar{a} \in (\mathbb{Z}/7\mathbb{Z})^{\times}$ に対して $\bar{1} \cdot \bar{x} = \overline{1 \cdot x} = \bar{x} = \overline{x \cdot 1} = \bar{x} \cdot \bar{1}$

(3) $(\mathbb{Z}/7\mathbb{Z})^{\times} = \{\bar{1}, \bar{2}, \bar{3}, \bar{4}, \bar{5}, \bar{6}\}$ であり $\bar{1} \cdot \bar{1} = \bar{1}$, $\bar{2} \cdot \bar{4} = \bar{1}$, $\bar{3} \cdot \bar{5} = \bar{1}$, $\bar{6} \cdot \bar{6} = \bar{1}$ である.
　　　 すなわち, $(\mathbb{Z}/7\mathbb{Z})^{\times}$ のすべての元に対して逆元が存在している.

以上より, $(\mathbb{Z}/7\mathbb{Z})^{\times}$ は群である.

5. $(\mathbb{Z}/7\mathbb{Z})^{\times}$ は巡回群となるが, その生成元を求めよ.

$$(\mathbb{Z}/7\mathbb{Z})^{\times} = \left\{\bar{1}, \bar{3}, \bar{3}^2 = \bar{9} = \bar{2}, \bar{3}^3 = \overline{27} = \bar{6}, \bar{3}^4 = \overline{81} = \bar{4}, \bar{3}^5 = \overline{243} = \bar{5}\right\} = \langle \bar{3} \rangle$$

よって, $\bar{3}$ は $(\mathbb{Z}/7\mathbb{Z})^{\times}$ の生成元の 1 つ. （$\bar{5}$ も生成元.）

6. 環の定義を正確に述べ, 環の例を 1 つ以上示せ.

R を空でない集合とし, R には 2 つの演算 $\cdot$, $+$ が定義されているとする.
このとき, R が環 $\overset{def}{\Longleftrightarrow}$ R に対して次の (1)〜(3) が成立.

(1) R は演算 $+$ に関して可換群.

(2) ${}^{\forall}a, b, c \in R$ に対して, $(a \cdot b) \cdot c = a \cdot (b \cdot c)$ （結合法則）

(3) ${}^{\forall}a, b, c \in R$ に対して, $a(b + c) = ab + ac, (a + b)c = ac + bc$（分配法則）

環の例：$\mathbb{Z}$, $\mathbb{Z}/m\mathbb{Z}$, $\mathbb{Z}[i]$, $M(2, \mathbb{R})$ など.

7. 定義に従い $\mathbb{Z}\left[\sqrt{2}\right]$ が可換環となることを示せ.

$\mathbb{Z}\left[\sqrt{2}\right] = \left\{a + b\sqrt{2} \,\middle|\, a, b \in \mathbb{Z}\right\}$ に対して通常の $+, \cdot$ を考える.

(1) (i) $\mathbb{Z}\left[\sqrt{2}\right] \ni {}^{\forall}a + b\sqrt{2}, c + d\sqrt{2}, e + f\sqrt{2}$ に対して

$$\left(a + b\sqrt{2} + c + d\sqrt{2}\right) + e + f\sqrt{2} = (a + c + e) + (b + d + f)\sqrt{2}$$
$$= a + b\sqrt{2} + \left(c + d\sqrt{2} + e + f\sqrt{2}\right)$$

　　　 なので $+$ に関する結合法則が成り立つ.

(ii) $0 \in \mathbb{Z}\left[\sqrt{2}\right]$ であり, ${}^{\forall}a + b\sqrt{2} \in \mathbb{Z}\left[\sqrt{2}\right]$ に対して

$$0 + a + b\sqrt{2} = a + b\sqrt{2} + 0 = a + b\sqrt{2}$$

　　　 なので $+$ に関する単位元（零元）も存在している.

(iii) ${}^{\forall}a + b\sqrt{2} \in \mathbb{Z}\left[\sqrt{2}\right]$ に対して $-a - b\sqrt{2} \in \mathbb{Z}\left[\sqrt{2}\right]$ を考えると,

124 　確認問題解答

$a + b\sqrt{2} + \left(-a - b\sqrt{2}\right) = 0$ で $+$ に関する逆元が存在している.

(iv) $^\forall a + b\sqrt{2}, c + d\sqrt{2} \in \mathbb{Z}\left[\sqrt{2}\right]$ に対して,

$$a + b\sqrt{2} + c + d\sqrt{2} = c + d\sqrt{2} + a + b\sqrt{2}$$

であり交換法則も成立する.

以上より, $\mathbb{Z}\left[\sqrt{2}\right]$ は $+$ に関して可換群.

(2) $\mathbb{Z}\left[\sqrt{2}\right] \ni {}^\forall a + b\sqrt{2}, c + d\sqrt{2}, e + f\sqrt{2}$ に対して,

$$\left(\left(a + b\sqrt{2}\right)\left(c + d\sqrt{2}\right)\right)\left(e + f\sqrt{2}\right) = \left(ac + 2bd + ad\sqrt{2} + bc\sqrt{2}\right)\left(e + f\sqrt{2}\right)$$
$$= ace + 2bde + 2adf + 2bcf + acf\sqrt{2} + 2bdf\sqrt{2} + ade\sqrt{2} + bce\sqrt{2},$$
$$\left(a + b\sqrt{2}\right)\left(\left(c + d\sqrt{2}\right)\left(e + f\sqrt{2}\right)\right) = \left(a + b\sqrt{2}\right)\left(ce + 2df + cf\sqrt{2} + de\sqrt{2}\right)$$
$$= ace + 2adf + 2bcf + 2bde + acf\sqrt{2} + ade\sqrt{2} + bce\sqrt{2} + 2bdf\sqrt{2}.$$

よって, $\cdot$ に関する結合法則も成立する.

(3) $\mathbb{Z}\left[\sqrt{2}\right] \ni {}^\forall a + b\sqrt{2}, c + d\sqrt{2}, e + f\sqrt{2}$ に対して,

$$\left(a + b\sqrt{2}\right)\left(c + d\sqrt{2} + e + f\sqrt{2}\right) = \left(a + b\sqrt{2}\right)\left((c + e) + (d + f)\sqrt{2}\right)$$
$$= a(c + e) + a(d + f)\sqrt{2} + b(c + e)\sqrt{2} + b(d + f)\cdot 2$$
$$= (ac + ae + 2bd + 2bf) + (ad + bc + af + be)\sqrt{2},$$
$$\left(a + b\sqrt{2}\right)\left(c + d\sqrt{2}\right) + \left(a + b\sqrt{2}\right)\left(e + f\sqrt{2}\right)$$
$$= ac + ad\sqrt{2} + bc\sqrt{2} + 2bd + ae + af\sqrt{2} + be\sqrt{2} + 2bf$$
$$= (ac + ae + 2bd + 2bf) + (ad + bc + af + be)\sqrt{2}.$$

よって, 分配法則も成り立つ.

(1)〜(3) より $\mathbb{Z}\left[\sqrt{2}\right]$ は可換環である.

8. 体の定義を正確に述べ, 体の例を 1 つ以上示せ.

F を可換環とする.（演算 $\cdot$, $+$）

F が体 $\overset{def}{\Longleftrightarrow}$ F に対して次の (1)(2) が成り立つ.

(1) F は演算 $\cdot$ に関しても単位元をもつ.

(2) $^\forall a (\neq 0) \in F$ に対して, $a^{-1} \in F$ が存在して $a \cdot a^{-1} = a^{-1} \cdot a = 1$

体の例： $\mathbb{Q}, \mathbb{Q}(i), \mathbb{Z}/p\mathbb{Z} = \left\{\bar{0}, \bar{1}, \cdots, \overline{p-1}\right\}$ （p：素数） など.

9. 定義に従い $\mathbb{Q}\left(\sqrt{2}\right)$ が体となることを示せ.

$\mathbb{Q}\left(\sqrt{2}\right) = \left\{a + b\sqrt{2} \mid a, b \in \mathbb{Q}\right\}$ は可換環であり, 次の (1)(2) を満たす.

(1) $\mathbb{Q}\left(\sqrt{2}\right) \ni 1$ は $\cdot$ に関する単位元.

(2) $\mathbb{Q}\left(\sqrt{2}\right) \ni {}^\forall a + b\sqrt{2} (\neq 0)$ に対して,

$$\frac{1}{a+b\sqrt{2}} = \frac{a-b\sqrt{2}}{a^2-2b^2} = \frac{a}{a^2-2b^2} - \frac{b}{a^2-2b^2}\sqrt{2}$$

を考えると,

$$\frac{a}{a^2-2b^2} \in \mathbb{Q}, \ -\frac{b}{a^2-2b^2} \in \mathbb{Q}$$

であるから, $\dfrac{1}{a+b\sqrt{2}} \in \mathbb{Q}\left(\sqrt{2}\right)$ で, $(a+b\sqrt{2})\dfrac{1}{a+b\sqrt{2}} = 1$.
すなわち, $^\forall a+b\sqrt{2}(\neq 0) \in \mathbb{Q}\left(\sqrt{2}\right)$ は $\mathbb{Q}\left(\sqrt{2}\right)$ 内に逆元をもつ. したがって, $\mathbb{Q}\left(\sqrt{2}\right)$ は体である.

2.1

1. 実 4 次元数ベクトル空間 $\mathbb{R}^4$ を内包的記法で表現せよ. また, $\mathbb{R}^4$ の基本ベクトルをすべて成分も含めて示せ.
   $\mathbb{R}^4 = \{(a_1, a_2, a_3, a_4) \mid a_i \in \mathbb{R}, 1 \leq i \leq 4\}$
   $\boldsymbol{e}_1 = (1,0,0,0), \boldsymbol{e}_2 = (0,1,0,0), \boldsymbol{e}_3 = (0,0,1,0), \boldsymbol{e}_4 = (0,0,0,1)$

2. 実 4 次元数ベクトル空間 $\mathbb{R}^4$ の要素 $\boldsymbol{a} = (1,1,1,0), \boldsymbol{b} = (0,1,-1,2)$ に対して, $\boldsymbol{a} + \boldsymbol{b}$, $\boldsymbol{a} - \boldsymbol{b}$, $2\boldsymbol{b}$, $\boldsymbol{a} \cdot \boldsymbol{b}$ を求めよ.

$$\boldsymbol{a} + \boldsymbol{b} = (1,2,0,2) \qquad\qquad 2\boldsymbol{b} = (0,2,-2,4)$$
$$\boldsymbol{a} - \boldsymbol{b} = (1,0,2,-2) \qquad\qquad \boldsymbol{a} \cdot \boldsymbol{b} = 0+1+(-1)+0 = 0$$

3. ベクトル空間の定義を正確に述べよ. また, ベクトル空間の例を 7 個以上挙げよ.
   集合 V が次の 2 つの条件は (I)(II) を満たすとき, V を体 K 上のベクトル空間という.
   (I) V の任意の 2 元 $\boldsymbol{a}, \boldsymbol{b}$ に対して, 和と呼ばれる V の 1 つの元（それを $\boldsymbol{a} + \boldsymbol{b}$ で表す）を対応させる規則（演算）が定義され, 次の法則が成り立つ.

   (VS1) $^\forall \boldsymbol{a}, \boldsymbol{b} \in V$ に対して $\boldsymbol{a} + \boldsymbol{b} = \boldsymbol{b} + \boldsymbol{a}$　　　　　　　　　（交換法則）

   (VS2) $^\forall \boldsymbol{a}, \boldsymbol{b}, \boldsymbol{c} \in V$ に対して $(\boldsymbol{a} + \boldsymbol{b}) + \boldsymbol{c} = \boldsymbol{a} + (\boldsymbol{b} + \boldsymbol{c})$　　　（結合法則）

   (VS3) $^\exists \boldsymbol{0} \in V, ^\forall \boldsymbol{a} \in V$ に対して $\boldsymbol{a} + \boldsymbol{0} = \boldsymbol{0} + \boldsymbol{a} = \boldsymbol{a}$　　　（零元の存在）

   (VS4) $^\forall \boldsymbol{a} \in V$ に対して $^\exists -\boldsymbol{a} \in V$ $s.t.$ $\boldsymbol{a} + (-\boldsymbol{a}) = (-\boldsymbol{a}) + \boldsymbol{a} = \boldsymbol{0}$　　　（逆元の存在）

   (II) V の任意の元 $\boldsymbol{a}$ と体 K の任意の元 α に対して, $\boldsymbol{a}$ の α 倍と呼ばれる V の 1 つの元（それを $\alpha\boldsymbol{a}$ で表す）を対応させる規則（体 K の作用）が定義され, 体 K の任意の元 α, β および V の任意の元 $\boldsymbol{a}, \boldsymbol{b}$ に対して次が成り立つ.

   (VS5) $\alpha(\boldsymbol{a} + \boldsymbol{b}) = \alpha\boldsymbol{a} + \alpha\boldsymbol{b}$

   (VS6) $(\alpha + \beta)\boldsymbol{a} = \alpha\boldsymbol{a} + \beta\boldsymbol{a}$

   (VS7) $(\alpha\beta)\boldsymbol{a} = \alpha(\beta\boldsymbol{a})$

   (VS8) $1\boldsymbol{a} = \boldsymbol{a}$

126　　確認問題解答

　　ベクトル空間の例は，$\mathbb{R}/\mathbb{R}, \mathbb{R}^n/\mathbb{R}, \mathbb{C}/\mathbb{C}, \mathbb{C}/\mathbb{R}, \mathbb{C}^n/\mathbb{C}, \mathbb{Q}(i)/\mathbb{Q}, \mathbb{Q}(\sqrt{2})/\mathbb{Q}$ など．

4. $\mathbb{Q}\left(\sqrt{2}\right)$ は体 $\mathbb{Q}$ 上のベクトル空間であること示せ．

　(I) $\mathbb{Q}\left(\sqrt{2}\right) = \left\{a + b\sqrt{2} \,\middle|\, a, b \in \mathbb{Q}\right\}$ には和が定義されており，次の (VS1)〜(VS4) を満たす．

　　(VS1) $\mathbb{Q}\left(\sqrt{2}\right) \ni {}^{\forall}a + b\sqrt{2}, c + d\sqrt{2}$ に対して，

$$a + b\sqrt{2} + c + d\sqrt{2} = c + d\sqrt{2} + a + b\sqrt{2}$$

　　(VS2) ${}^{\forall}a + b\sqrt{2}, c + d\sqrt{2}, e + f\sqrt{2} \in \mathbb{Q}\left(\sqrt{2}\right)$ に対して，

$$\left(a + b\sqrt{2} + c + d\sqrt{2}\right) + e + f\sqrt{2} = a + b\sqrt{2} + \left(c + d\sqrt{2} + e + f\sqrt{2}\right)$$

　　(VS3) $\mathbb{Q}\left(\sqrt{2}\right)$ には 0 （$a + b\sqrt{2}$ で $a = 0, b = 0$ の場合）が含まれており，${}^{\forall}a + b\sqrt{2} \in \mathbb{Q}\left(\sqrt{2}\right)$ に対して，

$$a + b\sqrt{2} + 0 = 0 + a + b\sqrt{2} = a + b\sqrt{2}$$

　　(VS4) ${}^{\forall}a + b\sqrt{2} \in \mathbb{Q}\left(\sqrt{2}\right)$ に対して，$-a - b\sqrt{2}$ を考えると，$-a - b\sqrt{2} \in \mathbb{Q}\left(\sqrt{2}\right)$ であり，

$$a + b\sqrt{2} + \left(-a - b\sqrt{2}\right) = \left(-a - b\sqrt{2}\right) + \left(a + b\sqrt{2}\right) = 0$$

　(II) $\mathbb{Q}\left(\sqrt{2}\right) \ni {}^{\forall}a + b\sqrt{2}$ と，$\mathbb{Q} \ni \alpha$ に対して，

$$\alpha\left(a + b\sqrt{2}\right) = \alpha a + \alpha b\sqrt{2} \in \mathbb{Q}\left(\sqrt{2}\right)$$

　　なる作用が自然に定義されており，次の (VS5)〜(VS8) が成立する．

　　(VS5) ${}^{\forall}\alpha \in \mathbb{Q}, {}^{\forall}a + b\sqrt{2}, c + d\sqrt{2} \in \mathbb{Q}\left(\sqrt{2}\right)$ に対して，

$$\alpha\left(a + b\sqrt{2} + c + d\sqrt{2}\right) = \alpha\left(a + b\sqrt{2}\right) + \alpha\left(c + d\sqrt{2}\right)$$

　　(VS6) ${}^{\forall}\alpha, \beta \in \mathbb{Q}, {}^{\forall}a + b\sqrt{2} \in \mathbb{Q}\left(\sqrt{2}\right)$ に対して，

$$(\alpha + \beta)\left(a + b\sqrt{2}\right) = \alpha\left(a + b\sqrt{2}\right) + \beta\left(a + b\sqrt{2}\right)$$

　　(VS7) ${}^{\forall}\alpha, \beta \in \mathbb{Q}, {}^{\forall}a + b\sqrt{2} \in \mathbb{Q}\left(\sqrt{2}\right)$ に対して，

$$(\alpha\beta)\left(a + b\sqrt{2}\right) = \alpha\left(\beta\left(a + b\sqrt{2}\right)\right)$$

　　(VS8) $1 \in \mathbb{Q}$ と ${}^{\forall}a + b\sqrt{2} \in \mathbb{Q}\left(\sqrt{2}\right)$ に対して，

$$1 \cdot \left(a + b\sqrt{2}\right) = a + b\sqrt{2}$$

確認問題解答　　127

以上より，$\mathbb{Q}\left(\sqrt{2}\right)$ は $\mathbb{Q}$ 上のベクトル空間である.

5. 体 $\mathbb{R}$ 上のベクトル空間 $\mathbb{R}^3$ において，次のベクトルの組は一次独立か判定せよ.

$$\boldsymbol{a} = (1,1,1), \boldsymbol{b} = (0,1,-1), \boldsymbol{c} = (1,1,0)$$

$x\boldsymbol{a} + y\boldsymbol{b} + z\boldsymbol{c} = \boldsymbol{0}$ とすると，
$$\begin{cases} x + z = 0 \\ x + y + z = 0 \\ x - y = 0 \end{cases}$$

したがって，$z = -x, y = x$ となる．$x + y + z = 0$ より，$x + x - x = 0$ なので，$x = 0$.
よって，$x = y = z = 0$．したがって $\boldsymbol{a}, \boldsymbol{b}, \boldsymbol{c}$ は一次独立である.

6. 体 $\mathbb{R}$ 上のベクトル空間 $M(2,\mathbb{R})$ において，次のベクトルの組は一次独立か判定せよ.

$$\boldsymbol{a} = \begin{pmatrix} 1 & 2 \\ 3 & 4 \end{pmatrix}, \boldsymbol{b} = \begin{pmatrix} 2 & 3 \\ 4 & 1 \end{pmatrix}, \boldsymbol{c} = \begin{pmatrix} 3 & 4 \\ 1 & 2 \end{pmatrix}, \boldsymbol{d} = \begin{pmatrix} 4 & 1 \\ 2 & 3 \end{pmatrix}$$

$x\boldsymbol{a} + y\boldsymbol{b} + z\boldsymbol{c} + \omega\boldsymbol{d} = \boldsymbol{0}$ とすると，

$$\begin{cases} x + 2y + 3z + 4\omega = 0 \\ 2x + 3y + 4z + \omega = 0 \\ 3x + 4y + z + 2\omega = 0 \\ 4x + y + 2z + 3\omega = 0 \end{cases}$$

したがって，

$$\begin{cases} 7x + 10y + 13z = 0 \\ x + 2y + 7z = 0 \\ 2x + 8y + 10z = 0 \end{cases}$$

となり，

$$\begin{cases} 7x + 10y + 13z = 0 \\ x + 2y + 7z = 0 \\ x + 4y + 5z = 0 \end{cases}$$

となる．これより，$2y - 2z = 0$．よって $y = z$ である．したがって $x = -9z$.
$-63z + 10z + 13z = 0$ から，$z = 0$ となる．したがって，$x = y = z = 0$ である.
よって，$\boldsymbol{a}, \boldsymbol{b}, \boldsymbol{c}, \boldsymbol{d}$ は一次独立である.

128   確認問題解答

7. 次の値を求めよ.

$$dim_{\mathbb{R}}\mathbb{R}^4 = 4 \qquad dim_{\mathbb{R}}\mathbb{C} = 2 \qquad dim_{\mathbb{Q}}\mathbb{Q}(i) = 2$$

8. 実数を係数とする x についての多項式全体からなる集合 $\mathbb{R}[x]$ を考える.
すなわち, $\mathbb{R}[x] = \{a_n x^n + a_{n-1} x^{n-1} + \cdots + a_0 \mid n \in \mathbb{Z}, a_i \in \mathbb{R}, 0 \le i \le n\}$ である.
この $\mathbb{R}[x]$ は体 $\mathbb{R}$ 上のベクトル空間となることを示せ.

(I) $\mathbb{R}[x]$ には多項式の和が定義されており, 次の (VS1)～(VS4) が成り立つ.

(VS1) $\mathbb{R}[x] \ni {}^\forall \sum_{k=0}^{n} a_k x^k, \sum_{k=0}^{m} b_k x^k$ に対して,

$$\sum_{k=0}^{n} a_k x^k + \sum_{k=0}^{m} b_k x^k = \sum_{k=0}^{m} b_k x^k + \sum_{k=0}^{n} a_k x^k$$

(VS2) ${}^\forall \sum_{k=0}^{n} a_k x^k, \sum_{k=0}^{m} b_k x^k, \sum_{k=0}^{l} c_k x^k$ に対して,

$$\left(\sum_{k=0}^{n} a_k x^k + \sum_{k=0}^{m} b_k x^k \right) + \sum_{k=0}^{l} c_k x^k = \sum_{k=0}^{n} a_k x^k + \left(\sum_{k=0}^{m} b_k x^k + \sum_{k=0}^{l} c_k x^k \right)$$

(VS3) $0 \in \mathbb{R} \subset \mathbb{R}[x]$ と ${}^\forall \sum_{k=0}^{n} a_k x^k \in \mathbb{R}[x]$ に対して,

$${}^\forall \sum_{k=0}^{n} a_k x^k + 0 = 0 + {}^\forall \sum_{k=0}^{n} a_k x^k = {}^\forall \sum_{k=0}^{n} a_k x^k$$

(VS4) ${}^\forall \sum_{k=0}^{n} a_k x^k \in \mathbb{R}[x]$ に対して, $\sum_{k=0}^{n} -a_k x^k$ を考えると, $\sum_{k=0}^{n} -a_k x^k \in \mathbb{R}[x]$ であり,

$$\sum_{k=0}^{n} a_k x^k + \sum_{k=0}^{n} -a_k x^k = \sum_{k=0}^{n} -a_k x^k + \sum_{k=0}^{n} a_k x^k = 0$$

(II) $\mathbb{R} \ni {}^\forall \alpha$ と $\mathbb{R}[x] \ni \sum_{k=0}^{n} a_k x^k$ に対して $\alpha \left(\sum_{k=0}^{n} a_k x^k \right) = \sum_{k=0}^{n} \alpha a_k x^k \in \mathbb{R}[x]$ により作用が定義されており, 次の (VS5)～(VS8) が成り立つ.

(VS5) ${}^\forall \alpha \in \mathbb{R}, {}^\forall \sum_{k=0}^{n} a_k x^k, \sum_{k=0}^{m} b_k x^k \in \mathbb{R}[x]$ に対して,

$$\alpha \left(\sum_{k=0}^{n} a_k x^k + \sum_{k=0}^{m} b_k x^k \right) = \alpha \sum_{k=0}^{n} a_k x^k + \alpha \sum_{k=0}^{m} b_k x^k$$

(VS6) ${}^\forall \alpha, \beta \in \mathbb{R}, {}^\forall \sum_{k=0}^{n} a_k x^k \in \mathbb{R}[x]$ に対して,

$$(\alpha + \beta) \sum_{k=0}^{n} a_k x^k = \alpha \sum_{k=0}^{n} a_k x^k + \beta \sum_{k=0}^{n} a_k x^k$$

(VS7) ${}^\forall \alpha, \beta \in \mathbb{R}, {}^\forall \sum_{k=0}^{n} a_k x^k \in \mathbb{R}[x]$ に対して,

$$(\alpha\beta) \sum_{k=0}^{n} a_k x^k = \alpha \left(\beta \sum_{k=0}^{n} a_k x^k \right)$$

(VS8) $1 \in \mathbb{R}$ と $\forall \sum_{k=0}^{n} a_k x^k \in \mathbb{R}[x]$ に対して, $1 \cdot \sum_{k=0}^{n} a_k x^k = \sum_{k=0}^{n} a_k x^k$.

以上より, $\mathbb{R}[x]$ は $\mathbb{R}$ 上のベクトル空間である.

3.1

1. 以下の問いに答えよ.

(1)

$$A = \begin{pmatrix} 1 & 2 & 3 & 4 & 5 \\ 6 & 7 & 8 & 9 & 10 \\ 11 & 12 & 13 & 14 & 15 \\ 16 & 17 & 18 & 19 & 20 \end{pmatrix}$$ とするとき, A は何行何列の行列か答えよ.

4行5列の行列

(2) 上記行列 A の (4,2) 成分は何か答えよ.

17

(3) 零行列とは何か簡単に説明せよ. また, その例を 1 つ示せ.
すべての成分が 0 の行列.

$$O = \begin{pmatrix} 0 & 0 & 0 \\ 0 & 0 & 0 \\ 0 & 0 & 0 \end{pmatrix}$$

(4) 正方行列とは何か簡単に説明せよ. また, その例を 1 つ示せ.
$n \times n$ の行列, すなわち, 行と列の個数が一致する行列.

$$A = \begin{pmatrix} a_{11} & a_{12} & \cdots & a_{1n} \\ a_{21} & a_{22} & \cdots & a_{2n} \\ \vdots & \vdots & \ddots & \vdots \\ a_{n1} & a_{n2} & \cdots & a_{nn} \end{pmatrix}$$

(5) 単位行列とは何か簡単に説明せよ. また, その例を 1 つ示せ.
対角成分が 1 で, 他の成分がすべて 0 の正方行列.

$$I = I_3 = \begin{pmatrix} 1 & 0 & 0 \\ 0 & 1 & 0 \\ 0 & 0 & 1 \end{pmatrix}$$

(6) $M(3, 2, \mathbb{R})$ とは何か簡単に説明せよ.
成分が実数の 3×2 行列全体からなる集合.

130   確認問題解答

(7) $M(2, \mathbb{R})$ とは何か簡単に説明せよ.

成分が実数の 2×2 行列全体からなる集合.

(8) 対称行列とは何か簡単に説明せよ.

$a_{ij} = a_{ji}$ である n 次の正方行列.

(9) 逆行列とは何か簡単に説明せよ.

n 次正方行列 A に対して $AX = XA = I$ を満たす n 次正方行列 X.

(10) 正則行列とは何か簡単に説明せよ.

n 次正方行列で逆行列をもつ行列.

2. 以下を計算せよ.

(1)
$$\begin{pmatrix} 2 & -10 \\ -3 & 15 \end{pmatrix} \begin{pmatrix} 6 & 4 \\ 9 & 6 \end{pmatrix} = \begin{pmatrix} 12 - 90 & 8 - 60 \\ -18 + 135 & -12 + 90 \end{pmatrix} = \begin{pmatrix} -78 & -52 \\ 117 & 78 \end{pmatrix}$$

(2)
$$\begin{pmatrix} 6 & 4 \\ 9 & 6 \end{pmatrix} \begin{pmatrix} 2 & -10 \\ -3 & 15 \end{pmatrix} = \begin{pmatrix} 12 - 12 & -60 + 60 \\ 18 - 18 & -90 + 90 \end{pmatrix} = \begin{pmatrix} 0 & 0 \\ 0 & 0 \end{pmatrix}$$

(3)
$$\begin{pmatrix} 3 & 1 & 4 \\ 1 & 5 & 9 \end{pmatrix} \begin{pmatrix} 2 & 7 \\ 1 & 8 \\ 2 & 8 \end{pmatrix} = \begin{pmatrix} 6 + 1 + 8 & 21 + 8 + 32 \\ 2 + 5 + 18 & 7 + 40 + 72 \end{pmatrix} = \begin{pmatrix} 15 & 61 \\ 25 & 119 \end{pmatrix}$$

(4)
$$\begin{pmatrix} 2 & 7 \\ 1 & 8 \\ 2 & 8 \end{pmatrix} \begin{pmatrix} 3 & 1 & 4 \\ 1 & 5 & 9 \end{pmatrix} = \begin{pmatrix} 6 + 7 & 2 + 35 & 8 + 63 \\ 3 + 8 & 1 + 40 & 4 + 72 \\ 6 + 8 & 2 + 40 & 8 + 72 \end{pmatrix} = \begin{pmatrix} 13 & 37 & 71 \\ 11 & 41 & 76 \\ 14 & 42 & 80 \end{pmatrix}$$

(5)
$$\begin{pmatrix} 7 & -4 \\ -2 & 3 \end{pmatrix} \begin{pmatrix} 5 \\ 6 \end{pmatrix} = \begin{pmatrix} 35 - 24 \\ -10 + 18 \end{pmatrix} = \begin{pmatrix} 11 \\ 8 \end{pmatrix}$$

(6)
$$\begin{pmatrix} 1 & 2 & 3 \end{pmatrix} \begin{pmatrix} 1 & 4 & -3 \\ -2 & 0 & 1 \\ 0 & 2 & -5 \end{pmatrix} = \begin{pmatrix} 1 - 4 + 0 & 4 + 0 + 6 & -3 + 2 - 15 \end{pmatrix}$$
$$= \begin{pmatrix} -3 & 10 & -16 \end{pmatrix}$$

3. 以下を計算せよ.

(1)
$$\begin{pmatrix} 1 & 2 \\ 3 & 4 \end{pmatrix}\begin{pmatrix} 2 \\ 1 \end{pmatrix} = \begin{pmatrix} 2+2 \\ 6+4 \end{pmatrix} = \begin{pmatrix} 4 \\ 10 \end{pmatrix}$$

(2)
$$\begin{pmatrix} 1 & 2 \\ 3 & 4 \end{pmatrix}\begin{pmatrix} 1 & 1 \\ 0 & 2 \end{pmatrix} = \begin{pmatrix} 1+0 & 1+4 \\ 3+0 & 3+8 \end{pmatrix} = \begin{pmatrix} 1 & 5 \\ 3 & 11 \end{pmatrix}$$

(3)
$$\begin{pmatrix} a & 0 \\ 0 & b \end{pmatrix}^5 = \begin{pmatrix} a^5 & 0 \\ 0 & b^5 \end{pmatrix}$$

(4)
$$\begin{pmatrix} 1 & 1 & 0 \\ 0 & 1 & 2 \\ 0 & 0 & 1 \end{pmatrix}\begin{pmatrix} 1 \\ 2 \\ 1 \end{pmatrix} = \begin{pmatrix} 1+2+0 \\ 0+2+2 \\ 0+0+1 \end{pmatrix} = \begin{pmatrix} 3 \\ 4 \\ 1 \end{pmatrix}$$

(5)
$$\begin{pmatrix} 1 & 1 & 0 \\ 0 & 1 & 2 \\ 0 & 0 & 1 \end{pmatrix}\begin{pmatrix} 1 & 1 & 3 \\ 2 & 1 & 2 \\ 3 & 1 & 1 \end{pmatrix} = \begin{pmatrix} 1+2+0 & 1+1+0 & 3+2+0 \\ 0+2+6 & 0+1+2 & 0+2+2 \\ 0+0+3 & 0+0+1 & 0+0+1 \end{pmatrix}$$
$$= \begin{pmatrix} 3 & 2 & 5 \\ 8 & 3 & 4 \\ 3 & 1 & 1 \end{pmatrix}$$

4. $A = \begin{pmatrix} 1 & 2 \\ 3 & 4 \end{pmatrix}$ に対して, $trA, detA, A^{-1}, {}^tA$ を求めよ.

$$trA = 1+4 = 5$$

$$detA = 4-6 = -2$$

$$A^{-1} = \frac{1}{-2}\begin{pmatrix} 4 & -2 \\ -3 & 1 \end{pmatrix} = \begin{pmatrix} -2 & 1 \\ \dfrac{3}{2} & -\dfrac{1}{2} \end{pmatrix}$$

$${}^tA = \begin{pmatrix} 1 & 3 \\ 2 & 4 \end{pmatrix}$$

5. 次の行列 A, B に対して A^n, B^n を予想せよ.
   (このような行列はジョルダン標準形と呼ばれる.)

132　確認問題解答

$$A = \begin{pmatrix} \lambda & 1 \\ 0 & \lambda \end{pmatrix}, \ B = \begin{pmatrix} \lambda & 1 & 0 \\ 0 & \lambda & 1 \\ 0 & 0 & \lambda \end{pmatrix}$$

$$A^2 = \begin{pmatrix} \lambda & 1 \\ 0 & \lambda \end{pmatrix} \begin{pmatrix} \lambda & 1 \\ 0 & \lambda \end{pmatrix} = \begin{pmatrix} \lambda^2 & 2\lambda \\ 0 & \lambda^2 \end{pmatrix}$$

$$A^3 = \begin{pmatrix} \lambda^2 & 2\lambda \\ 0 & \lambda^2 \end{pmatrix} \begin{pmatrix} \lambda & 1 \\ 0 & \lambda \end{pmatrix} = \begin{pmatrix} \lambda^3 & 3\lambda^2 \\ 0 & \lambda^3 \end{pmatrix}$$

$$A^4 = \begin{pmatrix} \lambda^3 & 3\lambda^2 \\ 0 & \lambda^3 \end{pmatrix} \begin{pmatrix} \lambda & 1 \\ 0 & \lambda \end{pmatrix} = \begin{pmatrix} \lambda^4 & 4\lambda^3 \\ 0 & \lambda^4 \end{pmatrix}$$

$$\vdots$$

$$A^n = \begin{pmatrix} \lambda^n & n\lambda^{n-1} \\ 0 & \lambda^n \end{pmatrix}$$

$$B^2 = \begin{pmatrix} \lambda & 1 & 0 \\ 0 & \lambda & 1 \\ 0 & 0 & \lambda \end{pmatrix} \begin{pmatrix} \lambda & 1 & 0 \\ 0 & \lambda & 1 \\ 0 & 0 & \lambda \end{pmatrix} = \begin{pmatrix} \lambda^2 & 2\lambda & 1 \\ 0 & \lambda^2 & 2\lambda \\ 0 & 0 & \lambda^2 \end{pmatrix}$$

$$B^3 = \begin{pmatrix} \lambda^2 & 2\lambda & 1 \\ 0 & \lambda^2 & 2\lambda \\ 0 & 0 & \lambda^2 \end{pmatrix} \begin{pmatrix} \lambda & 1 & 0 \\ 0 & \lambda & 1 \\ 0 & 0 & \lambda \end{pmatrix} = \begin{pmatrix} \lambda^3 & 3\lambda^2 & 3\lambda \\ 0 & \lambda^3 & 3\lambda^2 \\ 0 & 0 & \lambda^3 \end{pmatrix}$$

$$B^4 = \begin{pmatrix} \lambda^3 & 3\lambda^2 & 3\lambda \\ 0 & \lambda^3 & 3\lambda^2 \\ 0 & 0 & \lambda^3 \end{pmatrix} \begin{pmatrix} \lambda & 1 & 0 \\ 0 & \lambda & 1 \\ 0 & 0 & \lambda \end{pmatrix} = \begin{pmatrix} \lambda^4 & 4\lambda^3 & 6\lambda^2 \\ 0 & \lambda^4 & 4\lambda^3 \\ 0 & 0 & \lambda^4 \end{pmatrix}$$

$$\vdots$$

$$B^n = \begin{pmatrix} \lambda^n & n\lambda^{n-1} & \dfrac{n(n-1)}{2}\lambda^{n-2} \\ 0 & \lambda^n & n\lambda^{n-1} \\ 0 & 0 & \lambda^n \end{pmatrix}$$

3.2

1. 次の問いに答えよ.

(1) 行列の行に関する基本変形とは，行列の行にどのような操作をすることか．3つ答え
なさい.

　1) 任意の2つの行を入れ替える.

　2) 任意の1つの行の成分をすべて $\alpha\,(\neq 0)$ 倍する.

3) ある列を α 倍して他の行に加える.

(2) 行列の基本変形を使うと，何ができるのか．3つ答えなさい.

   1) 行列の階数を求めることができる.

   2) 正則行列の逆行列を求めることができる.

   3) 連立一次方程式を行列を利用して解くことができる.

(3) 行列の階数の基本変形を用いた求め方を簡単に説明しなさい.

行と列に関する基本変形を行い，下記のような行列に変形し，r（1 が並んでいる個数）を求めればよい.

$$\begin{pmatrix} I_r & O_{r,n-r} \\ O_{m-r,r} & O_{m-r,n-r} \end{pmatrix}$$

行と列に関する基本変形をうまく組み合わせて使うこと.

(4) n 次正則行列の逆行列の基本変形を用いた求め方を簡単に説明しなさい．また，このときの注意点を挙げよ.

A が n 次正則行列であれば，A と I を横に並べて $n \times 2n$ 行列 $(A\,I)$ を作る．行列 $(A\,I)$ に対して行に関する基本変形を行って $(I\,B)$ の形になったとき，B が求める逆行列 A^{-1} である．行に関する基本変形だけで行うこと.

(5) 連立一次方程式の基本変形を用いた解法を簡単に説明しなさい．また，このときの注意点を挙げよ.

連立一次方程式の係数行列 A，定ベクトル b をそれぞれ，

$$A = \begin{pmatrix} a_{11} & a_{12} & \cdots & a_{1n} \\ a_{21} & a_{22} & \cdots & a_{2n} \\ \vdots & \vdots & \ddots & \vdots \\ a_{n1} & a_{n2} & \cdots & a_{nn} \end{pmatrix} \quad b = \begin{pmatrix} b_1 \\ b_2 \\ \vdots \\ b_n \end{pmatrix}$$

で表すとき，係数行列 A と定ベクトル b を並べて書いた行列 $(A\,b)$ を作り，これに行に関する基本変形を行って，$(I\,c)$ の形にする．このとき，c が求める解ベクトルになっている．行に関する基本変形だけで行うこと.

2. 次の行列の階数を求めよ.

(1) $A = \begin{pmatrix} 3 & 2 \\ 3 & 4 \end{pmatrix}$

$$\begin{pmatrix} 3 & 2 \\ 3 & 4 \end{pmatrix} \xrightarrow[\text{1 列に加える}]{\text{2 列} \times (-1) \text{ を}} \begin{pmatrix} 1 & 2 \\ -1 & 4 \end{pmatrix} \xrightarrow[\text{加える}]{\text{1 行を 2 行へ}} \begin{pmatrix} 1 & 2 \\ 0 & 6 \end{pmatrix} \xrightarrow[\text{2 列に加える}]{\text{1 列} \times (-2) \text{ を}}$$

$$\begin{pmatrix} 1 & 0 \\ 0 & 6 \end{pmatrix} \xrightarrow{\text{2 列} \times \left(-\dfrac{1}{6}\right)} \begin{pmatrix} 1 & 0 \\ 0 & 1 \end{pmatrix} : \mathrm{rank}A = 2$$

134　確認問題解答

(2) $B = \begin{pmatrix} 1 & 2 & 3 \\ 2 & -3 & -1 \\ 2 & 1 & 3 \end{pmatrix}$

$\begin{pmatrix} 1 & 2 & 3 \\ 2 & -3 & -1 \\ 2 & 1 & 3 \end{pmatrix} \xrightarrow[\substack{2\,行,\ 3\,行に加\\える}]{1\,行 \times (-2)\,を} \begin{pmatrix} 1 & 2 & 3 \\ 0 & -7 & -7 \\ 0 & -3 & -3 \end{pmatrix} \xrightarrow[\substack{3\,行 \times \left(-\frac{1}{3}\right)}]{2\,行 \times \left(-\frac{1}{7}\right)} \begin{pmatrix} 1 & 2 & 3 \\ 0 & 1 & 1 \\ 0 & 1 & 1 \end{pmatrix}$

$\xrightarrow[\substack{3\,行に加える}]{2\,行 \times (-1)\,を} \begin{pmatrix} 1 & 2 & 3 \\ 0 & 1 & 1 \\ 0 & 0 & 0 \end{pmatrix} \xrightarrow[\substack{1\,行に加える}]{2\,行 \times (-2)\,を} \begin{pmatrix} 1 & 0 & 1 \\ 0 & 1 & 1 \\ 0 & 0 & 0 \end{pmatrix}$

$\xrightarrow[\substack{2\,列 \times (-1)\,を\,3\,列へ加える}]{1\,列 \times (-1)\,を\,3\,列へ加え,} \begin{pmatrix} 1 & 0 & 0 \\ 0 & 1 & 0 \\ 0 & 0 & 0 \end{pmatrix} : \mathrm{rank} B = 2$

3. $A = \begin{pmatrix} 1 & 2 & 3 \\ 0 & 1 & 2 \\ 0 & 0 & 1 \end{pmatrix}$ に対して，A^{-1} を求めよ．

$\left(\begin{array}{ccc|ccc} 1 & 2 & 3 & 1 & 0 & 0 \\ 0 & 1 & 2 & 0 & 1 & 0 \\ 0 & 0 & 1 & 0 & 0 & 1 \end{array} \right) \xrightarrow[\substack{1\,行へ加える}]{2\,行 \times (-2)\,を} \left(\begin{array}{ccc|ccc} 1 & 0 & -1 & 1 & -2 & 0 \\ 0 & 1 & 2 & 0 & 1 & 0 \\ 0 & 0 & 1 & 0 & 0 & 1 \end{array} \right) \xrightarrow[\substack{1\,行へ加える}]{3\,行を}$

$\left(\begin{array}{ccc|ccc} 1 & 0 & 0 & 1 & -2 & 1 \\ 0 & 1 & 2 & 0 & 1 & 0 \\ 0 & 0 & 1 & 0 & 0 & 1 \end{array} \right) \xrightarrow[\substack{2\,行へ加える}]{3\,行 \times (-2)\,を} \left(\begin{array}{ccc|ccc} 1 & 0 & 0 & 1 & -2 & 1 \\ 0 & 1 & 0 & 0 & 1 & -2 \\ 0 & 0 & 1 & 0 & 0 & 1 \end{array} \right)$

よって $A^{-1} = \begin{pmatrix} 1 & -2 & 1 \\ 0 & 1 & -2 \\ 0 & 0 & 1 \end{pmatrix}$

4. 次の連立一次方程式を行列の基本変形を利用して解け．

$\begin{cases} 2x + 3y + z = 1 \\ -3x + 2y + 2z = -1 \\ 5x + y - 3z = -2 \end{cases}$

$\left(\begin{array}{ccc|c} 2 & 3 & 1 & 1 \\ -3 & 2 & 2 & -1 \\ 5 & 1 & -3 & -2 \end{array} \right) \xrightarrow[\substack{3\,行へ加える}]{1\,行 \times (-2)\,を} \left(\begin{array}{ccc|c} 2 & 3 & 1 & 1 \\ -3 & 2 & 2 & -1 \\ 1 & -5 & -5 & -4 \end{array} \right) \xrightarrow[\substack{の入れ替え}]{1\,行と\,3\,行}$

$\left(\begin{array}{ccc|c} 1 & -5 & -5 & -4 \\ -3 & 2 & 2 & -1 \\ 2 & 3 & 1 & 1 \end{array} \right) \xrightarrow[\substack{1\,行 \times (-2)\,を\,3\,行へ}]{1\,行 \times 3\,を\,2\,行へ} \left(\begin{array}{ccc|c} 1 & -5 & -5 & -4 \\ 0 & -13 & -13 & -13 \\ 0 & 13 & 11 & 9 \end{array} \right)$

$$\xrightarrow{\text{2行} \times \left(-\frac{1}{13}\right)} \begin{pmatrix} 1 & -5 & -5 & | & -4 \\ 0 & 1 & 1 & | & 1 \\ 0 & 13 & 11 & | & 9 \end{pmatrix} \xrightarrow[\text{2行} \times (-13) \text{を3行へ}]{\text{2行} \times 5 \text{を1行へ}} \begin{pmatrix} 1 & 0 & 0 & | & 1 \\ 0 & 1 & 1 & | & 1 \\ 0 & 0 & -2 & | & -4 \end{pmatrix}$$

$$\xrightarrow{\text{3行} \times \left(-\frac{1}{2}\right)} \begin{pmatrix} 1 & 0 & 0 & | & 1 \\ 0 & 1 & 1 & | & 1 \\ 0 & 0 & 1 & | & 2 \end{pmatrix} \xrightarrow[\text{2行へ}]{\text{3行} \times (-1) \text{を}} \begin{pmatrix} 1 & 0 & 0 & | & 1 \\ 0 & 1 & 0 & | & -1 \\ 0 & 0 & 1 & | & 2 \end{pmatrix}$$

よって $x = 1,\ y = -1,\ z = 2$.

3.3

1. 次の問いに答えよ.

(1) 行列と行列式の違いを簡単に説明せよ.

行列は数を行と列に並べた数字の組.

行列式は行列によって定まる数字.

(2) $A = \begin{pmatrix} a & b \\ c & d \end{pmatrix}$ の行列式を求めよ.

$$det A = \begin{vmatrix} a & b \\ c & d \end{vmatrix} = ad - bc$$

(3) $A = \begin{pmatrix} a_{11} & a_{12} & a_{13} \\ a_{21} & a_{22} & a_{23} \\ a_{31} & a_{32} & a_{33} \end{pmatrix}$ の行列式を求めよ.

$$det A = \begin{vmatrix} a_{11} & a_{12} & a_{13} \\ a_{21} & a_{22} & a_{23} \\ a_{31} & a_{32} & a_{33} \end{vmatrix}$$

$$= a_{11}a_{22}a_{33} + a_{21}a_{32}a_{13} + a_{31}a_{12}a_{23}$$
$$- a_{11}a_{32}a_{23} - a_{21}a_{12}a_{33} - a_{31}a_{22}a_{13}$$

(4) 4次以上の正方行列の行列式を求める際の基本方針を述べよ.

4次以上の場合は，一般には定義に従って直接計算するのは，項数が多すぎるので大変. このため行列式の性質を利用し，簡単な形に変形してから計算する. 例えば，以下のような，特殊な形の行列（三角行列）の行列式に関しては，行列式の定義より直接求めることができる.

$$\begin{vmatrix} a_{11} & a_{12} & \cdots & a_{1n} \\ & a_{22} & \cdots & a_{2n} \\ & & \ddots & \vdots \\ \text{\Large 0} & & & a_{nn} \end{vmatrix} = \begin{vmatrix} a_{11} & & & \text{\Large 0} \\ a_{21} & a_{22} & & \\ \vdots & \vdots & \ddots & \\ a_{n1} & a_{n2} & \cdots & a_{nn} \end{vmatrix} = a_{11}a_{22}\cdots a_{nn}$$

136   確認問題解答

(5) 行列式の性質 (I)～(X) を簡単にまとめよ.

(I)   ある行の成分を α 倍した行列の行列式は，もとの行列式の α 倍である.

(II)   1 つの行の各成分が 2 つの数の和になっていれば，その行列式は，そこを基点として分けた 2 つの行列式の和になる.

(III) 2 つの行を入れ替えることによって，行列式は符号だけが変わる.

(IV)   2 つの行が等しい行列の行列式は 0 である.

(V)   2 行が比例すれば，行列式は 0 になる.

(VI)   行列式のある行をスカラー倍して他の行に加えても行列式の値は変わらない.

(VII) 正方行列 A が正則行列であるための必要十分条件は A の行列式が 0 でないことである.

(VIII) 任意の n 次正方行列 A, B に対して $|AB| = |A|\,|B|$.

(IX)   転置行列の行列式はもとの行列の行列式に等しい.

(X) A は m 次，B は n 次の正方行列とし，C は $m \times n$ 行列とする.
このとき，以下が成立する.

$$\begin{vmatrix} A & C \\ O & B \end{vmatrix} = |A|\,|B|$$

2. 次の行列式を計算せよ.

(1) $\begin{vmatrix} 3 & 2 \\ 3 & 4 \end{vmatrix} = 12 - 6 = 6$

(2) $\begin{vmatrix} \cos\theta & -\sin\theta \\ \sin\theta & \cos\theta \end{vmatrix} = \cos^2\theta + \sin^2\theta = 1$

(3) $\begin{vmatrix} 1 & 2 & 3 \\ 0 & 1 & 2 \\ 0 & 0 & 1 \end{vmatrix} = 1$

(4) $\begin{vmatrix} 1 & 2 & 3 \\ 2 & -3 & -1 \\ 2 & 1 & 3 \end{vmatrix} = -9 - 4 + 6 + 18 + 1 - 12 = 25 - 25 = 0$

(5) $\begin{vmatrix} a & b & c \\ c & a & b \\ b & c & a \end{vmatrix} = a^3 + b^3 + c^3 - abc - abc - abc = a^3 + b^3 + c^3 - 3abc$

確認問題解答　　137

3. 次の行列式を三角行列に変形する方法と性質 (X) を使う方法の 2 つの方法によって計算
せよ.

$$\begin{vmatrix} 2 & 3 & 3 & 2 \\ 3 & 8 & 4 & 3 \\ 4 & 2 & 5 & 1 \\ 3 & 2 & 4 & 2 \end{vmatrix}$$

～三角行列に変形する方法～

$$\begin{vmatrix} 2 & 3 & 3 & 2 \\ 3 & 8 & 4 & 3 \\ 4 & 2 & 5 & 1 \\ 3 & 2 & 4 & 2 \end{vmatrix} = -\begin{vmatrix} 2 & 3 & 3 & 2 \\ 3 & 8 & 4 & 3 \\ 3 & 2 & 4 & 2 \\ 4 & 2 & 5 & 1 \end{vmatrix} = -\begin{vmatrix} -6 & -1 & -7 & 2 \\ -9 & 2 & -11 & 3 \\ -5 & -2 & -6 & 2 \\ 0 & 0 & 0 & 1 \end{vmatrix} = \begin{vmatrix} 6 & 1 & 7 & 2 \\ 9 & -2 & 11 & 3 \\ 5 & 2 & 6 & 2 \\ 0 & 0 & 0 & 1 \end{vmatrix}$$

$$= \begin{vmatrix} 6 & 1 & 1 & 2 \\ 9 & -2 & 2 & 3 \\ 5 & 2 & 1 & 2 \\ 0 & 0 & 0 & 1 \end{vmatrix} = \begin{vmatrix} 1 & -1 & 1 & 2 \\ -1 & -6 & 2 & 3 \\ 0 & 0 & 1 & 2 \\ 0 & 0 & 0 & 1 \end{vmatrix} = -\begin{vmatrix} -1 & 1 & 1 & 2 \\ -6 & -1 & 2 & 3 \\ 0 & 0 & 1 & 2 \\ 0 & 0 & 0 & 1 \end{vmatrix}$$

$$= \begin{vmatrix} -1 & -1 & 1 & 2 \\ -6 & 1 & 2 & 3 \\ 0 & 0 & 1 & 2 \\ 0 & 0 & 0 & 1 \end{vmatrix} = \begin{vmatrix} -7 & -1 & 1 & 2 \\ 0 & 1 & 2 & 3 \\ 0 & 0 & 1 & 2 \\ 0 & 0 & 0 & 1 \end{vmatrix} = -7$$

～性質 (X) を使う方法～

$$\begin{vmatrix} 2 & 3 & 3 & 2 \\ 3 & 8 & 4 & 3 \\ 4 & 2 & 5 & 1 \\ 3 & 2 & 4 & 2 \end{vmatrix} = -\begin{vmatrix} 2 & 3 & 3 & 2 \\ 3 & 8 & 4 & 3 \\ 3 & 2 & 4 & 2 \\ 4 & 2 & 5 & 1 \end{vmatrix} = -\begin{vmatrix} -6 & -1 & -7 & 2 \\ -9 & 2 & -11 & 3 \\ -5 & -2 & -6 & 2 \\ 0 & 0 & 0 & 1 \end{vmatrix}$$

$$= -\begin{vmatrix} -6 & -1 & -7 \\ -9 & 2 & -11 \\ -5 & -2 & -6 \end{vmatrix} = \begin{vmatrix} 6 & 1 & 7 \\ 9 & -2 & 11 \\ 5 & 2 & 6 \end{vmatrix} = \begin{vmatrix} 6 & 1 & 7 \\ 21 & 0 & 25 \\ -7 & 0 & -8 \end{vmatrix}$$

$$= 25 \times (-7) - (-8) \times 21 = -175 + 168 = -7$$

138 確認問題解答

3.4

1. 以下の問いに答えよ.

(1) n 次正方行列 $A = (a_{ij})$ に対して, a_{ij} の余因子とは何か. また, これを表す記号は何か答えよ.

a_{ij} の余因子は, n 次正方行列 $A = (a_{ij})$ から第 i 行と第 j 列の成分を取り除いて得られる $n-1$ 次の行列の行列式に $(-1)^{i+j}$ を掛けたもの. 記号は $\widetilde{A}_{ij}$ を用いる.

(2) n 次正方行列 $A = (a_{ij})$ の行列式 $|A|$ を i 行で展開するとどのようになるか答えよ.

$$|A| = a_{i1}\widetilde{A}_{i1} + a_{i2}\widetilde{A}_{i2} + \cdots + a_{in}\widetilde{A}_{in} = \sum_{k=1}^{n} a_{ik}\widetilde{A}_{ik} \quad (1 \le i \le n)$$

(3) 余因子行列とは何か. 余因子との違いは何か説明せよ.

n 次正方行列 $A = (a_{ij})$ の余因子行列は, a_{ij} の余因子 $\widetilde{A}_{ij}$ を (j, i) 成分とするような行列のこと. 余因子は行列式に $(-1)^{i+j}$ を掛けた数字であり, 行列ではない.

(4) 3 次正則行列 $A = (a_{ij})$ の逆行列を余因子を用いて表現せよ.

3 次正則行列 $A = \begin{pmatrix} a_{11} & a_{12} & a_{13} \\ a_{21} & a_{22} & a_{23} \\ a_{31} & a_{32} & a_{33} \end{pmatrix}$ の逆行列 A^{-1} は,

$$A^{-1} = \frac{1}{|A|}{}^t\!\begin{pmatrix} \widetilde{A}_{11} & \widetilde{A}_{12} & \widetilde{A}_{13} \\ \widetilde{A}_{21} & \widetilde{A}_{22} & \widetilde{A}_{23} \\ \widetilde{A}_{31} & \widetilde{A}_{32} & \widetilde{A}_{33} \end{pmatrix} = \frac{1}{|A|}\begin{pmatrix} \widetilde{A}_{11} & \widetilde{A}_{21} & \widetilde{A}_{31} \\ \widetilde{A}_{12} & \widetilde{A}_{22} & \widetilde{A}_{32} \\ \widetilde{A}_{13} & \widetilde{A}_{23} & \widetilde{A}_{33} \end{pmatrix}$$

(5) $A = \begin{pmatrix} -4 & 2 & 6 \\ -7 & 3 & 9 \\ -6 & 2 & 7 \end{pmatrix}$ のとき, A の行列式, 余因子行列, 逆行列を求めよ.

・行列式

$$|A| = \begin{vmatrix} -4 & 2 & 6 \\ -7 & 3 & 9 \\ -6 & 2 & 7 \end{vmatrix} = (-4) \cdot 3 \cdot 7 + 2 \cdot 9 \cdot (-6) + 6 \cdot 2 \cdot (-7) - 6 \cdot 3 \cdot (-6)$$

$$= -9 \cdot 2 \cdot (-4) - 7 \cdot (-7) \cdot 2 = 2$$

・余因子行列

$${}^t\!\begin{pmatrix} \begin{vmatrix} 3 & 9 \\ 2 & 7 \end{vmatrix} & -\begin{vmatrix} -7 & 9 \\ -6 & 7 \end{vmatrix} & \begin{vmatrix} -7 & 3 \\ -6 & 2 \end{vmatrix} \\ -\begin{vmatrix} 2 & 6 \\ 2 & 7 \end{vmatrix} & \begin{vmatrix} -4 & 6 \\ -6 & 7 \end{vmatrix} & -\begin{vmatrix} -4 & 2 \\ -6 & 2 \end{vmatrix} \\ \begin{vmatrix} 2 & 6 \\ 3 & 9 \end{vmatrix} & -\begin{vmatrix} -4 & 6 \\ -7 & 9 \end{vmatrix} & \begin{vmatrix} -4 & 2 \\ -7 & 3 \end{vmatrix} \end{pmatrix} = {}^t\!\begin{pmatrix} 3 & -5 & 4 \\ -2 & 8 & -4 \\ 0 & -6 & 2 \end{pmatrix}$$

・逆行列

$$A^{-1} = \frac{1}{|A|}{}^t\!\begin{pmatrix} 3 & -5 & 4 \\ -2 & 8 & -4 \\ 0 & -6 & 2 \end{pmatrix} = \frac{1}{2}\begin{pmatrix} 3 & -2 & 0 \\ -5 & 8 & -6 \\ 4 & -4 & 2 \end{pmatrix}$$

2. 行列式の展開を用いて以下の行列式を計算せよ.

$$\begin{vmatrix} 2 & 3 & 3 & 2 \\ 3 & 8 & 4 & 3 \\ 4 & 2 & 5 & 1 \\ 3 & 2 & 4 & 2 \end{vmatrix} = 2\begin{vmatrix} 8 & 4 & 3 \\ 2 & 5 & 1 \\ 2 & 4 & 2 \end{vmatrix} - 3\begin{vmatrix} 3 & 4 & 3 \\ 4 & 5 & 1 \\ 3 & 4 & 2 \end{vmatrix} + 3\begin{vmatrix} 3 & 8 & 3 \\ 4 & 2 & 1 \\ 3 & 2 & 2 \end{vmatrix} - 2\begin{vmatrix} 3 & 8 & 4 \\ 4 & 2 & 5 \\ 3 & 2 & 4 \end{vmatrix}$$

$$= 2(80 + 8 + 24 - 30 - 32 - 16) - 3(30 + 12 + 48 - 45 - 12 - 32)$$

$$\quad + 3(12 + 24 + 24 - 18 - 6 - 64) - 2(24 + 120 + 32 - 24 - 30 - 128)$$

$$= 2 \cdot 34 - 3 \cdot 1 + 3(-28) - 2(-6)$$

$$= 68 - 3 - 84 + 12$$

$$= 80 - 87 = -7$$

3. 余因子行列を用いて,次の各行列の逆行列を求めよ.

(1) $A = \begin{pmatrix} 1 & 3 & 2 \\ 2 & 1 & 3 \\ 3 & 2 & 1 \end{pmatrix}$

$detA = 1 + 27 + 8 - 6 - 6 - 6 = 18 \neq 0$

$$A^{-1} = \frac{1}{18}{}^t\!\begin{pmatrix} \begin{vmatrix} 1 & 3 \\ 2 & 1 \end{vmatrix} & -\begin{vmatrix} 2 & 3 \\ 3 & 1 \end{vmatrix} & \begin{vmatrix} 2 & 1 \\ 3 & 2 \end{vmatrix} \\ -\begin{vmatrix} 3 & 2 \\ 2 & 1 \end{vmatrix} & \begin{vmatrix} 1 & 2 \\ 3 & 1 \end{vmatrix} & -\begin{vmatrix} 1 & 3 \\ 3 & 2 \end{vmatrix} \\ \begin{vmatrix} 3 & 2 \\ 1 & 3 \end{vmatrix} & -\begin{vmatrix} 1 & 2 \\ 2 & 3 \end{vmatrix} & \begin{vmatrix} 1 & 3 \\ 2 & 1 \end{vmatrix} \end{pmatrix} = \frac{1}{18}{}^t\!\begin{pmatrix} -5 & 7 & 1 \\ 1 & -5 & 7 \\ 7 & 1 & -5 \end{pmatrix}$$

$$= \frac{1}{18}\begin{pmatrix} -5 & 1 & 7 \\ 7 & -5 & 1 \\ 1 & 7 & -5 \end{pmatrix}$$

(2) $B = \begin{pmatrix} 2 & 3 & 7 \\ 3 & 5 & 4 \\ 7 & 4 & 5 \end{pmatrix}$

140　確認問題解答

$$detB = 50 + 84 + 84 - 245 - 32 - 45 = 218 - 322 = -104 \neq 0$$

$$B^{-1} = -\frac{1}{104} \,\, {}^t\!\begin{pmatrix} \begin{vmatrix} 5 & 4 \\ 4 & 5 \end{vmatrix} & -\begin{vmatrix} 3 & 4 \\ 7 & 5 \end{vmatrix} & \begin{vmatrix} 3 & 5 \\ 7 & 4 \end{vmatrix} \\[6pt] -\begin{vmatrix} 3 & 7 \\ 4 & 5 \end{vmatrix} & \begin{vmatrix} 2 & 7 \\ 7 & 5 \end{vmatrix} & -\begin{vmatrix} 2 & 3 \\ 7 & 4 \end{vmatrix} \\[6pt] \begin{vmatrix} 3 & 7 \\ 5 & 4 \end{vmatrix} & -\begin{vmatrix} 2 & 7 \\ 3 & 4 \end{vmatrix} & \begin{vmatrix} 2 & 3 \\ 3 & 5 \end{vmatrix} \end{pmatrix}$$

$$= -\frac{1}{104} \,\, {}^t\!\begin{pmatrix} 9 & 13 & -23 \\ 13 & -39 & 13 \\ -23 & 13 & 1 \end{pmatrix} = -\frac{1}{104} \begin{pmatrix} 9 & 13 & -23 \\ 13 & -39 & 13 \\ -23 & 13 & 1 \end{pmatrix}$$

4. クラメールの公式を用いて，次の連立一次方程式を解け．

$$\begin{cases} 2x + 3y + z = 1 \\ -3x + 2y + 2z = -1 \\ 5x + y - 3z = -2 \end{cases}$$

$$A = \begin{pmatrix} 2 & 3 & 1 \\ -3 & 2 & 2 \\ 5 & 1 & -3 \end{pmatrix} \text{ とおく．}$$

$detA = -12 + 30 - 3 - 10 - 4 - 27 = -26 \neq 0.$　よって解あり．

$$x = -\frac{1}{26} \begin{vmatrix} 1 & 3 & 1 \\ -1 & 2 & 2 \\ -2 & 1 & -3 \end{vmatrix} = -\frac{1}{26}(-6 - 12 - 1 + 4 - 2 - 9) = -\frac{1}{26}(-26) = 1$$

$$y = -\frac{1}{26} \begin{vmatrix} 2 & 1 & 1 \\ -3 & -1 & 2 \\ 5 & -2 & -3 \end{vmatrix} = -\frac{1}{26}(6 + 10 + 6 + 5 + 8 - 9) = -\frac{1}{26} \cdot 26 = -1$$

$$z = -\frac{1}{26} \begin{vmatrix} 2 & 3 & 1 \\ -3 & 2 & -1 \\ 5 & 1 & -2 \end{vmatrix} = -\frac{1}{26}(-8 - 15 - 3 - 10 + 2 - 18) = -\frac{1}{26}(-52) = 2$$

3.5

1. 次の (1)〜(3) の定義を述べよ．

(1) A, B を集合とするとき，写像 $f : A \to B$ が全射であることの定義を述べよ．

写像 $f : A \to B$ において，A の像 $f(A)$ は一般には B の部分集合であるが，特に $f(A) = B$ のとき，f は A から B への上への写像，または全射という．

(2) A, B を集合とするとき，写像 $f : A \to B$ が単射であることの定義を述べよ.

A の任意の 2 元 a, b に対して，$a \neq b \Rightarrow f(a) \neq f(b)$ であるとき，f は A から B への 1 対 1 の写像，または単射という.

(3) 線形写像の定義を述べよ.

体 K 上のベクトル空間 U, V の間に定義された写像 $f : U \to V$ が次の条件を満たすとき，f を線形写像，または一次写像という.

(1) $f(\boldsymbol{x} + \boldsymbol{y}) = f(\boldsymbol{x}) + f(\boldsymbol{y})$ $\boldsymbol{x}, \boldsymbol{y} \in U, \alpha \in K$

(2) $f(\alpha \boldsymbol{x}) = \alpha f(\boldsymbol{x})$

上述の条件はまとめて以下のように記述できる

$f(\alpha \boldsymbol{x} + \beta \boldsymbol{y}) = \alpha f(\boldsymbol{x}) + \beta f(\boldsymbol{y})$ $\boldsymbol{x}, \boldsymbol{y} \in U, \alpha, \beta \in K$

2. 次の各写像のうち，単射であるもの，全射であるもの，および線形写像であるものはどれか答えよ.

$f_1 : \mathbb{R} \to \mathbb{R} \, (x \mapsto x + 1)$

$f_2 : \mathbb{R} \to \mathbb{R} \, (x \mapsto x^2 + x + 1)$

$f_3 : \mathbb{R} \to \mathbb{R} \, (x \mapsto x^3 + x^2 + x + 1)$

$f_4 : \mathbb{R}^2 \to \mathbb{R}^2 \, ((x, y) \mapsto (x + y, x - y))$

$f_5 : \mathbb{R}^2 \to \mathbb{R}^2 \, ((x, y) \mapsto (x, 0))$

$f_6 : \mathbb{R}^2 \to \mathbb{R}^2 \, ((x, y) \mapsto (x + y, xy))$

$f_7 : \mathbb{R}^2 \to \mathbb{R} \, ((x, y) \mapsto x - y)$

単射：f_1, f_3, f_4

全射：f_1, f_3, f_4, f_7

線形写像：f_4, f_5, f_7

3. 線形写像 $f : \mathbb{R}^4 \to \mathbb{R}^3 \, ((x_1, x_2, x_3, x_4) \mapsto (x_1 + x_2 + 2x_3, 2x_2 + x_3 + x_4, x_1 - x_3 + 2x_4))$ について，次の各基底に関する表現行列を求めよ.

(1) $\mathbb{R}^4$ と $\mathbb{R}^3$ の標準基底に関して.

$\boldsymbol{e}_1, \boldsymbol{e}_2, \boldsymbol{e}_3, \boldsymbol{e}_4$ を $\mathbb{R}^4$ の標準基底，$\boldsymbol{e}_1', \boldsymbol{e}_2', \boldsymbol{e}_3'$ を $\mathbb{R}^3$ の標準基底とする.

$$f(\boldsymbol{e}_1) = (1, 0, 1) = \boldsymbol{e}_1' + \boldsymbol{e}_3' \quad f(\boldsymbol{e}_2) = (1, 2, 0) = \boldsymbol{e}_1' + 2\boldsymbol{e}_2'$$

$$f(\boldsymbol{e}_3) = (2, 1, -1) = 2\boldsymbol{e}_1' + \boldsymbol{e}_2' - \boldsymbol{e}_3' \quad f(\boldsymbol{e}_4) = (0, 1, 2) = \boldsymbol{e}_2' + 2\boldsymbol{e}_3'$$

$$(f(\boldsymbol{e}_1), f(\boldsymbol{e}_2), f(\boldsymbol{e}_3), f(\boldsymbol{e}_4)) = (\boldsymbol{e}_1', \boldsymbol{e}_2', \boldsymbol{e}_3') \begin{pmatrix} 1 & 1 & 2 & 0 \\ 0 & 2 & 1 & 1 \\ 1 & 0 & -1 & 2 \end{pmatrix}$$

142 　確認問題解答

(2) $\mathbb{R}^4$ の標準基底と $\mathbb{R}^3$ の基底 $\{\boldsymbol{d}_1 = (1,1,1), \boldsymbol{d}_2 = (1,1,-1), \boldsymbol{d}_3 = (-1,1,0)\}$ に関して,
$\boldsymbol{e}_1, \boldsymbol{e}_2, \boldsymbol{e}_3, \boldsymbol{e}_4$ を $\mathbb{R}^4$ の標準基底とする.

$$f(\boldsymbol{e}_1) = \frac{3}{4}\boldsymbol{d}_1 - \frac{1}{4}\boldsymbol{d}_2 - \frac{1}{2}\boldsymbol{d}_3 \quad f(\boldsymbol{e}_2) = \frac{3}{4}\boldsymbol{d}_1 + \frac{3}{4}\boldsymbol{d}_2 + \frac{1}{2}\boldsymbol{d}_3$$

$$f(\boldsymbol{e}_3) = \frac{1}{4}\boldsymbol{d}_1 + \frac{5}{4}\boldsymbol{d}_2 - \frac{1}{2}\boldsymbol{d}_3 \quad f(\boldsymbol{e}_4) = \frac{5}{4}\boldsymbol{d}_1 - \frac{3}{4}\boldsymbol{d}_2 + \frac{1}{2}\boldsymbol{d}_3$$

$$(f(\boldsymbol{e}_1), f(\boldsymbol{e}_2), f(\boldsymbol{e}_3), f(\boldsymbol{e}_4)) = (\boldsymbol{d}_1, \boldsymbol{d}_2, \boldsymbol{d}_3) \begin{pmatrix} \dfrac{3}{4} & \dfrac{3}{4} & \dfrac{1}{4} & \dfrac{5}{4} \\ -\dfrac{1}{4} & \dfrac{3}{4} & \dfrac{5}{4} & -\dfrac{3}{4} \\ -\dfrac{1}{2} & \dfrac{1}{2} & -\dfrac{1}{2} & \dfrac{1}{2} \end{pmatrix}$$

4.1

1. 次の行列の固有値と固有ベクトルを求めよ. ただし, 固有値は実数の範囲で考えること.

(1) $A = \begin{pmatrix} 2 & 1 \\ 2 & 3 \end{pmatrix} \in M(2, \mathbb{R})$

$trA = 5, detA = 6 - 2 = 4.$ よって固有方程式は $\lambda^2 - 5\lambda + 4 = 0.$ よって,
$(\lambda - 1)(\lambda - 4) = 0$ より固有値は $\lambda = 1, 4.$

$\lambda = 1$ のとき, 固有ベクトルを $\begin{pmatrix} x \\ y \end{pmatrix}$ とすると,

$$\begin{pmatrix} 2 & 1 \\ 2 & 3 \end{pmatrix} \begin{pmatrix} x \\ y \end{pmatrix} = \begin{pmatrix} x \\ y \end{pmatrix} \iff \begin{cases} 2x + y = x \\ 2x + 3y = y \end{cases}$$

したがって, $x = -y.$ よって $\lambda = 1$ の固有ベクトルは, $\begin{pmatrix} x \\ y \end{pmatrix} = \begin{pmatrix} -y \\ y \end{pmatrix} =$
$y \begin{pmatrix} -1 \\ 1 \end{pmatrix}, y \in \mathbb{R}, y \neq 0.$

$\lambda = 4$ のとき, 固有ベクトルを $\begin{pmatrix} x \\ y \end{pmatrix}$ とすると,

$$\begin{pmatrix} 2 & 1 \\ 2 & 3 \end{pmatrix} \begin{pmatrix} x \\ y \end{pmatrix} = 4 \begin{pmatrix} x \\ y \end{pmatrix} \iff \begin{cases} 2x + y = 4x \\ 2x + 3y = 4y \end{cases}$$

したがって, $y = 2x.$ よって $\lambda = 4$ の固有ベクトルは, $\begin{pmatrix} x \\ y \end{pmatrix} = \begin{pmatrix} x \\ 2x \end{pmatrix} =$
$x \begin{pmatrix} 1 \\ 2 \end{pmatrix}, x \in \mathbb{R}, x \neq 0.$

(2) $B = \begin{pmatrix} 9 & -3 \\ -1 & 11 \end{pmatrix} \in M(2, \mathbb{R})$

$trB = 20,\ detB = 99 - 3 = 96.$ よって固有方程式は, $\lambda^2 - 20\lambda + 96 = 0.$

したがって $(\lambda - 8)(\lambda - 12) = 0$ より, 固有値は $\lambda = 8, 12.$

$\lambda = 8$ のとき, 固有ベクトルを $\begin{pmatrix} x \\ y \end{pmatrix}$ とすると,

$$\begin{pmatrix} 9 & -3 \\ -1 & 11 \end{pmatrix}\begin{pmatrix} x \\ y \end{pmatrix} = 8\begin{pmatrix} x \\ y \end{pmatrix} \iff \begin{cases} 9x - 3y = 8x \\ -x + 11y = 8y \end{cases}$$

したがって $x = 3y.$ よって $\lambda = 8$ の固有ベクトルは,

$$\begin{pmatrix} x \\ y \end{pmatrix} = \begin{pmatrix} 3y \\ y \end{pmatrix} = y\begin{pmatrix} 3 \\ 1 \end{pmatrix},\ y \in \mathbb{R},\ y \neq 0.$$

$\lambda = 12$ のとき, 固有ベクトルを $\begin{pmatrix} x \\ y \end{pmatrix}$ とすると,

$$\begin{pmatrix} 9 & -3 \\ -1 & 11 \end{pmatrix}\begin{pmatrix} x \\ y \end{pmatrix} = 12\begin{pmatrix} x \\ y \end{pmatrix} \iff \begin{cases} 9x - 3y = 12x \\ -x + 11y = 12y \end{cases}$$

したがって $x = -y.$ よって $\lambda = 12$ の固有ベクトルは

$$\begin{pmatrix} x \\ y \end{pmatrix} = \begin{pmatrix} -y \\ y \end{pmatrix} = y\begin{pmatrix} -1 \\ 1 \end{pmatrix},\ y \in \mathbb{R},\ y \neq 0.$$

(3) $C = \begin{pmatrix} -3 & 4 \\ 4 & 3 \end{pmatrix} \in M(2, \mathbb{R})$

$trC = 0,\ detC = -9 - 16 = -25.$ よって固有方程式は $\lambda^2 - 25 = 0.$

したがって, 固有値は, $\lambda = \pm 5.$

$\lambda = 5$ の固有ベクトルを $\begin{pmatrix} x \\ y \end{pmatrix}$ とすると,

$$\begin{pmatrix} -3 & 4 \\ 4 & 3 \end{pmatrix}\begin{pmatrix} x \\ y \end{pmatrix} = 5\begin{pmatrix} x \\ y \end{pmatrix}$$

より

$$\begin{cases} -3x + 4y = 5x \\ 4x + 3y = 5y \end{cases}$$

よって $y = 2x.$ したがって $\lambda = 5$ の固有ベクトルは,

$$\begin{pmatrix} x \\ y \end{pmatrix} = \begin{pmatrix} x \\ 2x \end{pmatrix} = x\begin{pmatrix} 1 \\ 2 \end{pmatrix} \ (ただし,\ x \in \mathbb{R},\ x \neq 0)$$

$\lambda = -5$ の固有ベクトルを $\begin{pmatrix} x \\ y \end{pmatrix}$ とすると,

$$\begin{pmatrix} -3 & 4 \\ 4 & 3 \end{pmatrix} \begin{pmatrix} x \\ y \end{pmatrix} = -5 \begin{pmatrix} x \\ y \end{pmatrix}$$

より

$$\begin{cases} -3x + 4y = -5x \\ 4x + 3y = -5y \end{cases}$$

よって $x = -2y$. したがって $\lambda = -5$ の固有ベクトルは,

$$\begin{pmatrix} x \\ y \end{pmatrix} = \begin{pmatrix} -2y \\ y \end{pmatrix} = y \begin{pmatrix} -2 \\ 1 \end{pmatrix} \quad (\text{ただし, } y \in \mathbb{R}, \, y \neq 0)$$

2. 次の行列の固有値と固有ベクトルを求めよ. ただし, A については実数の範囲で, B については複素数の範囲で答えよ.

(1) $A = \begin{pmatrix} 0 & 1 & 1 \\ 1 & 0 & 1 \\ 1 & 1 & 0 \end{pmatrix} \in M(3, \mathbb{R})$

固有方程式は,

$$\begin{vmatrix} -\lambda & 1 & 1 \\ 1 & -\lambda & 1 \\ 1 & 1 & -\lambda \end{vmatrix} = 0$$

より,

$$-\lambda^3 + 1 + 1 + \lambda + \lambda + \lambda = 0$$

すなわち

$$-\lambda^3 + 3\lambda + 2 = 0 \iff \lambda^3 - 3\lambda - 2 = 0.$$

これを因数分解して, $(\lambda + 1)(\lambda^2 - \lambda - 2) = 0$. すなわち $(\lambda + 1)(\lambda + 1)(\lambda - 2) = 0$. したがって, 固有値は $\lambda = -1, 2$.

$\lambda = -1$ の固有ベクトルを $\begin{pmatrix} x \\ y \\ z \end{pmatrix}$ とすると,

$$\begin{pmatrix} 0 & 1 & 1 \\ 1 & 0 & 1 \\ 1 & 1 & 0 \end{pmatrix} \begin{pmatrix} x \\ y \\ z \end{pmatrix} = - \begin{pmatrix} x \\ y \\ z \end{pmatrix} \iff \begin{cases} y + z = -x \\ x + z = -y \\ x + y = -z \end{cases}$$

したがって, $x = -y - z$. よって固有ベクトルは,

$$\begin{pmatrix} x \\ y \\ z \end{pmatrix} = \begin{pmatrix} -y-z \\ y \\ z \end{pmatrix}, \, y \in \mathbb{R}, z \in \mathbb{R}, y \neq 0, z \neq 0.$$

$\lambda = 2$ の固有ベクトルを $\begin{pmatrix} x \\ y \\ z \end{pmatrix}$ とすると,

$$\begin{pmatrix} 0 & 1 & 1 \\ 1 & 0 & 1 \\ 1 & 1 & 0 \end{pmatrix} \begin{pmatrix} x \\ y \\ z \end{pmatrix} = 2 \begin{pmatrix} x \\ y \\ z \end{pmatrix} \Leftrightarrow \begin{cases} y + z = 2x \\ x + z = 2y \\ x + y = 2z \end{cases}$$

したがって, $x = y$, $z = y$. よって固有ベクトルは,

$$\begin{pmatrix} x \\ y \\ z \end{pmatrix} = \begin{pmatrix} y \\ y \\ y \end{pmatrix} = y \begin{pmatrix} 1 \\ 1 \\ 1 \end{pmatrix}, \, y \in \mathbb{R}, y \neq 0.$$

(2) $B = \begin{pmatrix} 4 & 0 & 1 \\ 5 & 4 & 3 \\ -3 & 0 & 2 \end{pmatrix} \in M(3, \mathbb{C})$

$$\begin{vmatrix} 4 - \lambda & 0 & 1 \\ 5 & 4 - \lambda & 3 \\ -3 & 0 & 2 - \lambda \end{vmatrix} = (4 - \lambda)(-1)^{2+2} \begin{vmatrix} 4 - \lambda & 1 \\ -3 & 2 - \lambda \end{vmatrix}$$

$$= (4 - \lambda)((4 - \lambda)(2 - \lambda) + 3) = -(\lambda - 4)(8 - 6\lambda + \lambda^2 + 3)$$

$$= -(\lambda - 4)(\lambda^2 - 6\lambda + 11)$$

よって, B の固有方程式は $(\lambda - 4)(\lambda^2 - 6\lambda + 11) = 0$ で, 固有値は $\lambda = 4$, $\dfrac{3 \pm \sqrt{9 - 11}}{1} = 3 \pm \sqrt{2}i$.

$\lambda = 4$ の固有ベクトルを求める.

$$\begin{pmatrix} 4 - 4 & 0 & 1 \\ 5 & 4 - 4 & 3 \\ -3 & 0 & 2 - 4 \end{pmatrix} \begin{pmatrix} x \\ y \\ z \end{pmatrix} = \begin{pmatrix} 0 \\ 0 \\ 0 \end{pmatrix}$$

より

$$\begin{pmatrix} 0 & 0 & 1 \\ 5 & 0 & 3 \\ -3 & 0 & -2 \end{pmatrix} \begin{pmatrix} x \\ y \\ z \end{pmatrix} = \begin{pmatrix} 0 \\ 0 \\ 0 \end{pmatrix}$$

146　確認問題解答

$$
\begin{cases}
z = 0 \\
5x + 3z = 0 \\
-3x - 2z = 0
\end{cases}
$$

よって，$x = z = 0$. したがって，固有ベクトルは，

$$
\begin{pmatrix} 0 \\ y \\ 0 \end{pmatrix} = y \begin{pmatrix} 0 \\ 1 \\ 0 \end{pmatrix} , \ y \in \mathbb{C}, \ y \neq 0.
$$

$\lambda = 3 + \sqrt{2}i$ の固有ベクトルを $\begin{pmatrix} x \\ y \\ z \end{pmatrix}$ とすると，

$$
\begin{pmatrix} 4 - \left(3 + \sqrt{2}i\right) & 0 & 1 \\ 5 & 4 - \left(3 + \sqrt{2}i\right) & 3 \\ -3 & 0 & 2 - \left(3 + \sqrt{2}i\right) \end{pmatrix} \begin{pmatrix} x \\ y \\ z \end{pmatrix} = \begin{pmatrix} 0 \\ 0 \\ 0 \end{pmatrix}
$$

したがって

$$
\begin{cases}
\left(1 - \sqrt{2}i\right) x + z = 0 \\
5x + \left(1 - \sqrt{2}i\right) y + 3z = 0 \\
-3x + \left(-1 - \sqrt{2}i\right) z = 0
\end{cases}
$$

$$
z = -\left(1 - \sqrt{2}i\right) x
$$

$$
5x + \left(1 - \sqrt{2}i\right) y + 3 \left(-1 + \sqrt{2}i\right) x = 0
$$

$$
\left(1 - \sqrt{2}i\right) y = -5x + 3 \left(1 - \sqrt{2}i\right) x = -5x + 3x - 3\sqrt{2}ix = \left(-2 - 3\sqrt{2}i\right) x
$$

$$
y = \frac{-2 - 3\sqrt{2}i}{1 - \sqrt{2}i} x = \frac{\left(-2 - 3\sqrt{2}i\right)\left(1 + \sqrt{2}i\right)}{1 + 2} x
$$

$$
= \frac{-2 - 2\sqrt{2}i - 3\sqrt{2}i + 6}{3} x = \frac{4 - 5\sqrt{2}i}{3} x
$$

よって固有ベクトルは，

$$
\begin{pmatrix} x \\ y \\ z \end{pmatrix} = \begin{pmatrix} x \\ \dfrac{4 - 5\sqrt{2}i}{3} x \\ \left(-1 + \sqrt{2}i\right) x \end{pmatrix} = x \begin{pmatrix} 1 \\ \dfrac{4 - 5\sqrt{2}i}{3} \\ -1 + \sqrt{2}i \end{pmatrix} , \ x \in \mathbb{C}, \ x \neq 0
$$

$\lambda = 3 - \sqrt{2}i$ の固有ベクトルを $\begin{pmatrix} x \\ y \\ z \end{pmatrix}$ とすると，

$$\begin{pmatrix} 4-\left(3-\sqrt{2}i\right) & 0 & 1 \\ 5 & 4-\left(3-\sqrt{2}i\right) & 3 \\ -3 & 0 & 2-\left(3-\sqrt{2}i\right) \end{pmatrix} \begin{pmatrix} x \\ y \\ z \end{pmatrix} = \begin{pmatrix} 0 \\ 0 \\ 0 \end{pmatrix}$$

したがって

$$\begin{cases} \left(1+\sqrt{2}i\right)x + z = 0 \\ 5x + \left(1+\sqrt{2}i\right)y + 3z = 0 \\ -3x + \left(-1+\sqrt{2}i\right)z = 0 \end{cases}$$

$$z = \left(-1-\sqrt{2}i\right)x$$

$$5x + \left(1+\sqrt{2}i\right)y + 3\left(-1-\sqrt{2}i\right)x = 0$$

$$\left(1+\sqrt{2}i\right)y = -5x + 3\left(1+\sqrt{2}i\right)x = -5x + 3x + 3\sqrt{2}ix = \left(-2+3\sqrt{2}i\right)x$$

$$y = \frac{-2+3\sqrt{2}i}{1+\sqrt{2}i}x = \frac{\left(-2+3\sqrt{2}i\right)\left(1-\sqrt{2}i\right)}{1+2}x$$

$$= \frac{-2+2\sqrt{2}i+3\sqrt{2}i+6}{3}x = \frac{4+5\sqrt{2}i}{3}x$$

よって固有ベクトルは,

$$\begin{pmatrix} x \\ y \\ z \end{pmatrix} = \begin{pmatrix} x \\ \dfrac{4+5\sqrt{2}i}{3}x \\ \left(-1-\sqrt{2}i\right)x \end{pmatrix} = x \begin{pmatrix} 1 \\ \dfrac{4+5\sqrt{2}i}{3} \\ -1-\sqrt{2}i \end{pmatrix}, \; x \in \mathbb{C},\, x \neq 0$$

3. 次の行列を対角化せよ.

(1) $A = \begin{pmatrix} 9 & -3 \\ -1 & 11 \end{pmatrix} \in M\left(2, \mathbb{R}\right)$

固有値は, $\lambda = 8, 12$ となる. $\lambda = 8$ の固有ベクトルの 1 つとして $\begin{pmatrix} 3 \\ 1 \end{pmatrix}$, $\lambda = 12$ の固有ベクトルの 1 つとして $\begin{pmatrix} -1 \\ 1 \end{pmatrix}$ を選び, これらを並べて $P = \begin{pmatrix} 3 & -1 \\ 1 & 1 \end{pmatrix}$ を作成する. $det P = 4$ であり, $P^{-1} = \dfrac{1}{4}\begin{pmatrix} 1 & 1 \\ -1 & 3 \end{pmatrix}$ となる. このとき, $P^{-1}AP = \begin{pmatrix} 8 & 0 \\ 0 & 12 \end{pmatrix}$ となる.

(2) $B = \begin{pmatrix} 1 & -1 & -1 \\ -2 & 1 & -2 \\ 2 & 1 & 4 \end{pmatrix} \in M(3, \mathbb{R})$

固有値は，$\lambda = 1, 2, 3$ となり，$\lambda = 1$ の固有ベクトルの 1 つは $\begin{pmatrix} -1 \\ -1 \\ 1 \end{pmatrix}$，$\lambda = 2$ の固有ベクトルの 1 つは $\begin{pmatrix} -1 \\ 0 \\ 1 \end{pmatrix}$，$\lambda = 3$ の固有ベクトルの 1 つは $\begin{pmatrix} 0 \\ -1 \\ 1 \end{pmatrix}$ ととれる．

$P = \begin{pmatrix} -1 & -1 & 0 \\ -1 & 0 & -1 \\ 1 & 1 & 1 \end{pmatrix}$ とすると，$det P = -1$ であり，$P^{-1} = \begin{pmatrix} -1 & -1 & -1 \\ 0 & 1 & 1 \\ 1 & 0 & 1 \end{pmatrix}$ となる．このとき，$P^{-1}AP = \begin{pmatrix} 1 & 0 & 0 \\ 0 & 2 & 0 \\ 0 & 0 & 3 \end{pmatrix}$ となる．

ギリシャ文字 一覧表

大文字	小文字	読み方	大文字	小文字	読み方
A	α	アルファ	N	ν	ニュー
B	β	ベータ	Ξ	ξ	クシー
Γ	γ	ガンマ	O	o	オミクロン
Δ	δ	デルタ	Π	π	パイ
E	ε	イプシロン	P	ρ	ロー
Z	ζ	ゼータ	Σ	σ	シグマ
H	η	イータ	T	τ	タウ
Θ	θ	シータ	Υ	υ	ユプシロン
I	ι	イオタ	Φ	φ	ファイ
K	κ	カッパ	X	χ	カイ
Λ	λ	ラムダ	Ψ	ψ	プサイ
M	μ	ミュー	Ω	ω	オメガ

索 引

欧字

Abel 群	27
n 次元数ベクトル空間	34

あ行

一次結合	36
一次従属	39
一次独立	39
演算	25
オイラー関数	23

か行

外延的記法	2
階数	59
可換環	28
可換群	27
拡張	16
環	28
基底	40
基本ベクトル	34
基本変形	59
逆行列	52
既約剰余類	25
共通部分	9
行列	45
行列式	51
空集合	3
クラメールの公式	87
群	26
合成写像	18
合同	23
恒等写像	17
固有値	97
固有ベクトル	97
固有方程式	100

さ行

差集合	11
三角行列	74
算法	25
次元	40
写像	15

集合系

集合	1
集合系	4
巡回群	27
剰余類	24
数ベクトル	33
制限	17
正則行列	53
成分	45
正方行列	45
零行列	45
線形結合	36
線形写像	91
線形従属	39
線形独立	39
選言記号	5
全射	17
全称記号	5
全体集合	4
全単射	17
素数	22
存在記号	5

た行

体	29
対角化	102
対角和	50
対称行列	52
単位行列	46
単射	17
値域	15
直積	12
定義域	15
転置行列	51
転倒数	72

な行

内積	34
内包的記法	2

は行

表現行列	93
標準的単射	17

部分集合 ——————————————— 3
普遍集合 ——————————————— 4
巾（べき）集合 ————————————— 4
ベクトル ——————————————— 37
ベクトル空間 ————————————— 37
ベン図 ———————————————— 4
包含写像 ——————————————— 17
補集合 ———————————————— 11

や行

有限体 ———————————————— 29
余因子 ———————————————— 83
余因子行列 —————————————— 85

ら行

零因子 ———————————————— 49
連言記号 ——————————————— 5

わ行

和集合 ———————————————— 8

著者紹介

児玉　英一郎（こだま　えいいちろう）

1994年　東京大学大学院数理科学研究科修士課程修了（数理科学専攻）
2003年　東北大学大学院情報科学研究科博士課程後期3年の課程修了（情報基礎科学専攻）
　　　　博士（情報科学）
現　在　岩手県立大学ソフトウェア情報学部准教授
専　門　ビックデータ分析・活用，ウェブ情報学，代数的整数論

Bhed Bista（ベッド　ビスタ）

1997年　東北大学大学院情報科学研究科博士課程後期3年の課程修了（情報基礎科学専攻）
　　　　博士（情報科学）
現　在　岩手県立大学ソフトウェア情報学部教授
専　門　ネットワークプロトコル，モバイルネットワーク，センサネットワーク，IoT，
　　　　パーベイシブコンピューティング

情報系のための線形代数
Linear Algebra
for Information Science

2024 年 12 月 20 日　初版 1 刷発行

著　者　児玉英一郎・Bhed Bista　ⓒ 2024
発行者　南條光章
発行所　共立出版株式会社
　　　　東京都文京区小日向 4-6-19
　　　　電話　03-3947-2511（代表）
　　　　郵便番号　112-0006
　　　　振替口座　00110-2-57035
　　　　www.kyoritsu-pub.co.jp

印　刷
製　本　藤原印刷

検印廃止
NDC 411.3
ISBN 978-4-320-11569-9

一般社団法人
自然科学書協会
会員

Printed in Japan

JCOPY ＜出版者著作権管理機構委託出版物＞
本書の無断複製は著作権法上での例外を除き禁じられています．複製される場合は，そのつど事前に，出版者著作権管理機構（TEL：03-5244-5088，FAX：03-5244-5089，e-mail：info@jcopy.or.jp）の許諾を得てください．